小麦智慧生长建模与决策系统

——从三维可视化到智能决策

张婧婧 古丽米拉·克孜尔别克 李勇伟 孟德龙 等 著

中国农业科学技术出版社

图书在版编目(CIP)数据

小麦智慧生长建模与决策系统：从三维可视化到智能决策/张婧婧等著．--北京：中国农业科学技术出版社，2025.8．--ISBN 978-7-5116-7647-4

Ⅰ．S512.1

中国国家版本馆 CIP 数据核字第 2025CJ8438 号

责任编辑　闫庆健
责任校对　王　彦
责任印制　姜义伟　王思文

出 版 者	中国农业科学技术出版社
	北京市中关村南大街 12 号　邮编：100081
电　　话	(010) 82106632 (编辑室)　(010) 82106624 (发行部)
	(010) 82109709 (读者服务部)
网　　址	https://castp.caas.cn
经 销 者	各地新华书店
印 刷 者	北京捷迅佳彩印刷有限公司
开　　本	140 mm×203 mm　1/32
印　　张	7.625
字　　数	196 千字
版　　次	2025 年 8 月第 1 版　2025 年 8 月第 1 次印刷
定　　价	40.00 元

◀ 版权所有·翻印必究 ▶

《小麦智慧生长建模与决策系统——从三维可视化到智能决策》著者委员会

主　著：张婧婧　古丽米拉·克孜尔别克
　　　　李勇伟　孟德龙
副主著：王　磊　赵新苗　侯文静
参　著：张世豪　胡春华　古丽扎达·海沙
　　　　韩　博　雷嘉诚　鲁子翱　杜　云
　　　　李　博　楚鹏宇　郭　强　万易平

项目支撑：科技创新2030—"新一代人工智能"重大项目（编号：2022ZD0115805）；
新疆维吾尔自治区重大科技专项"农场数字化及智能化关键技术研究"（编号：2022A02011）。

内容提要

本书深度整合物联网、计算机视觉、人工智能与农业模型技术，围绕小麦全生长周期的数字化管理需求，构建了覆盖场景感知→智能识别→模型耦合→决策应用的完整智慧农业技术体系。通过多学科交叉，系统研究了小麦形态数字化建模、生理参数智能监测、水肥需求精准预测等核心技术，最终集成可视化决策平台，为小麦精准种植提供全链路技术支撑。

全书共分6章。第1章聚焦小麦三维感知与可视化，基于田间试验数据构建小麦器官级三维模型（茎秆、叶片、麦穗），研发真实感渲染与动态生长场景引擎，并开发小麦生长三维可视化系统。第2章阐述智能识别与检测技术，提出 WHEAT-YOLO 麦穗检测模型，融合目标跟踪算法（ByteTrack/BoTSORT）实现动态麦穗计数，构建麦穗智能检测系统优化模型。第3章通过多模型耦合方法，集成 WOFOST 生长模型与水肥耦合模型，设计学习框架，优化多模型参数/结构，并利用气象、土壤多源数据的同化方法提升模型的预测精度。第4、5章详述水肥智能决策模型，结合气象-作物因子，构建 CNN-BiLSTM 时序需水量预测模型；针对施肥数据小样本特点，开发 SBS-XGBOOST 施氮量优化预测方法，融合灰色关联分析、Bootstrap 等统计方法优化特征工程。第6章基于需求驱动理念设计平台架构，采用 Python/Java 全栈框架并搭配 MySQL 数据库，重点将小麦生长可视化、麦穗智能检测、水肥精准决策模型集成至小麦智能决策系统，同步实现小麦生长数据的存储、分析、计算与预测功能，为小麦种植提供智能管理和决策支持。

本书突破单一技术局限，以冬小麦为研究对象，构建"感知-认知-决策"三位一体的技术框架。通过三维虚拟技术实现作物形态数字化，依托目标检测与模型耦合技术解析生长规律，最终采用深度学习方法建立可落地水肥决策模型。书中技术测试在新疆昌吉华兴农场小麦主产区进行，可为粮食生产数字化转型提供可复制的方法体系。

目 录

第1章 小麦三维虚拟技术与可视化 ········· 1
  一、绪言 ························· 1
    （一）研究背景和意义 ················ 1
    （二）虚拟植物的国内外研究现状 ·········· 2
    （三）虚拟小麦三维重建的国内外研究现状 ····· 6
  二、田间试验设计与数据采集 ·············· 7
  三、小麦器官模型构建 ·················· 9
    （一）茎秆器官模型 ················ 10
    （二）叶片器官模型 ················ 11
    （三）麦穗器官模型 ················ 13
  四、小麦形态结构渲染与场景构建 ··········· 14
    （一）真实感渲染 ················· 14
    （二）实时阴影渲染 ················ 20
    （三）小麦三维生长变化场景实现 ········· 23
  五、小麦虚拟生长三维可视化系统开发与实现 ····· 29
    （一）可视化系统功能与构建 ··········· 29
    （二）可视化系统设计 ··············· 31
    （三）系统实现 ··················· 32
  参考文献 ························· 41
第2章 基于目标检测的小麦麦穗计数 ········ 49
  一、绪言 ························ 49

（一）研究背景和意义 …………………………… 49
　　（二）小麦检测研究现状 ………………………… 50
二、目标检测基础 ……………………………………… 52
　　（一）基于候选区域的目标检测算法 ……………… 53
　　（二）基于回归的目标检测算法 …………………… 54
三、目标跟踪基础 ……………………………………… 56
　　（一）Bytetrack 模型 ……………………………… 56
　　（二）BoTSORT 模型 ……………………………… 57
四、模型评价指标 ……………………………………… 57
五、WHEAT-YOLO 模型的麦穗检测 ………………… 60
　　（一）麦穗数据集制作 ……………………………… 60
　　（二）麦穗检测模型改进 …………………………… 61
　　（三）实验结果与分析 ……………………………… 69
六、麦穗的计数 ………………………………………… 74
七、系统升级与功能展示 ……………………………… 77
　　（一）系统设计 ……………………………………… 77
　　（二）功能设计 ……………………………………… 78
参考文献 ………………………………………………… 80

第3章　基于集成学习的小麦多模型耦合 ………… 87
一、绪言 ………………………………………………… 87
　　（一）研究背景和意义 ……………………………… 87
　　（二）小麦生长模型研究现状 ……………………… 88
　　（三）水肥耦合研究现状 …………………………… 89
二、数据来源 …………………………………………… 91
　　（一）气象数据 ……………………………………… 91
　　（二）田间和土壤数据 ……………………………… 92
三、集成学习方法 ……………………………………… 93
　　（一）分类器架构 …………………………………… 93

- （二）集成学习系统参数优化 96
- （三）集成学习结构优化模型 98
- （四）耦合策略 100
- （五）耦合算法集成 101
- 四、作物生长模型和水肥模型 105
  - （一）WOFOST模型原理 106
  - （二）水肥耦合模型原理 111
  - （三）模型耦合方法 114
- 五、数据同化与同化结果 130
  - （一）数据同化 130
  - （二）同化结果 133
- 参考文献 137

第4章 冬小麦需水量的预测方法 144
- 一、绪言 144
  - （一）研究背景和意义 144
  - （二）小麦需水量预测模型研究现状 145
- 二、小麦需水量影响因素及计算 147
  - （一）气象影响因素 147
  - （二）作物影响因素 147
  - （三）数据来源 149
  - （四）需水量计算 150
  - （五）计算结果 152
  - （六）皮尔逊相关系数关联分析 153
- 三、CNN-BiLSTM模型 155
  - （一）CNN 155
  - （二）BiLSTM 155
  - （三）CNN-BiLSTM 159
  - （四）数据预处理 161

（五）评估指标 ································ 162
　四、实验结果与分析 ································ 163
　　（一）模型参数设置 ································ 163
　　（二）需水量预测结果 ································ 164
　　（三）需水量的预测评估 ································ 165
　　（四）实验结果讨论 ································ 171
　参考文献 ································ 172

第5章 基于小样本的小麦施氮量预测方法 ································ 176
　一、绪言 ································ 176
　　（一）研究背景和意义 ································ 176
　　（二）小麦施肥预测模型研究现状 ································ 177
　二、数据来源 ································ 181
　三、灰色关联分析 ································ 183
　四、研究方法 ································ 185
　　（一）Bootstrap ································ 185
　　（二）SMOTE ································ 185
　　（三）极限梯度提升算法（XGBoost） ································ 186
　　（四）SBS-XGBOOST模型 ································ 188
　　（五）数据预处理 ································ 189
　　（六）模型评估指标 ································ 190
　五、实验结果分析 ································ 191
　　（一）数据集对比 ································ 192
　　（二）实验结果对比分析 ································ 197
　参考文献 ································ 202

第6章 小麦生长可视化及决策平台 ································ 207
　一、绪言 ································ 207
　二、平台需求分析 ································ 209
　　（一）功能需求分析 ································ 209

（二）非功能需求分析 ·············· 213
三、平台总体设计 ················ 214
四、程序语言和框架选择 ············ 215
　（一）平台语言选择 ·············· 215
　（二）平台框架选择 ·············· 216
　（三）Mysql 数据库 ·············· 217
五、系统研发 ·················· 218
　（一）数据库设计 ··············· 218
　（二）设计整体框架 ·············· 219
　（三）软件设计与测试 ············· 221
参考文献 ···················· 230

第1章 小麦三维虚拟技术与可视化

一、绪言

(一) 研究背景和意义

农业信息技术是基于信息技术与农业科学的交叉融合而形成的新兴技术,催生了数字农业、虚拟农业和智慧农业的快速发展[1]。农业信息技术不仅提供了相对应的技术支持与全过程的信息服务,同时也为传统农业注入了新的活力[2]。农业信息化早已成为当今农业发展的显著趋势,而虚拟农业作为其重要组成部分,也呈现出良好的发展态势。虚拟农业融合先进的计算机技术与作物生长发育规律,深入探索作物生长过程中与各种影响因素作用的相互影响,进而构建出逼真的作物虚拟生长模型[3]。

虚拟植物的三维生长模型研究是虚拟农业研究的核心内容之一,将植物的器官、个体或群体的形态结构作为研究对象,在计算机上建立三维模型,系统且定量地描述作物生长发育等生理生态过程与环境之间相互作用的数量关系[4]。同时作物模拟可视化是通过图形或图像方式向用户展示由植物模拟模型操作生成的大量数据[5],还能够通过模拟预测作物的生长过程进一步解释作物生长的变化规律[6]。通过计算机模拟作物在生长过程中相关的各种数据,可实现计算机对虚拟农田的管理和调控，实现农业数字化和可视化，为农业生产提供科学、高效的决策支持，同时也为农业推广和农业教学提供良好的平台[7]。

虚拟植物是实现和推动数字农业发展的有效手段，对深入探索农作物生长发育规律的研究起着重要的作用[8]。在农业领域中，虚拟植物的核心内容之一是对农作物进行三维重建，并实现生长过程的动态可视化。目前，国内外学者已经开展了诸多关于农作物建模和生长可视化的研究，这些研究主要分为农作物的生长模型和形态结构模型两类。随着信息技术的飞速进步，结合作物学研究的丰富积累，以生长模型为特征的作物信息技术率先成功开发并取得了显著的成果[9]。生长模型致力于分析农作物在整个生长周期内生长发育，以及与外界进行物质交换的生理过程。通过建立农作物生理机制与环境影响因素之间的函数关系，实现在计算机环境中对农作物的生长进行动态的分析和模拟研究。因此，生长模型的建立利于定量地描述作物生长发育的过程，在指导作物生长管理、预测产量、分析经济效益等方面发挥着重要作用。

（二）虚拟植物的国内外研究现状

目前国际上作物生长模型已形成了以美国农业技术转移决策支持系统、荷兰 de Wit 学派、澳大利亚农业生产系统研究单位和中国共 4 个具有代表性的研究体系。其中荷兰学者 de Wit 等开发的 ELCROS 模拟模型，首次在生长模型中考虑呼吸作用的影响，并进一步对叶片、茎、根等干物质生产进行模拟从而建立了 BACROS 模拟模型[10]；美国学者 Ritches 建立的 CERES 模型综合考虑了气象要素、土壤水分等因素的影响[11]；我国学者严力蛟等将田间试验模型参数产生的数据与作物模型 ORYZA-O 和 Proce 的数学优化程序进行结合，成功模拟出水稻氮水在土壤中的运行轨迹[12]；常丽英等利用叶绿素仪测得的叶绿素含量，建立了动态模拟水稻叶片颜色变化的模拟模型[13]；汤亮等建立了油菜生长发育期模型[14]。

关于植物形态结构三维建模的方法主要有三种：基于模型的植物三维重建方法、基于图像的三维重建方法和基于专业软件的方法[15]。在建模方法的选择上，不同方法各有优劣。基于模型的植物三维重建方法主要关注植物的形态结构特征，特别是主要器官的外部形态在生长过程中发生的变化，最终实现植物在生长过程中变化的动态模拟。其中主要包括参考轴技术和L-系统等，虽然其建模效率高且构建方式较为灵活，但对于形态复杂的器官进行模拟较为困难[16]。基于图像的三维重建方法是通过对二维图像处理而实现对植物形体的三维重建，虽然解决了模型方法的不足，但容易被环境影响，在较差的光照环境下，将难以获取准确的纹理信息[17]。基于专业软件建模的方法是目前虚拟植物建模的主要手段，主流的建模软件包括SpeedTree、Blender以及Maya等。使用软件绘制虚拟植物的过程，要求对植物有充分的了解[18]，才能够呈现更加真实的模型，且该方法适于为复杂形态结构的植物进行三维建模。国外研究者开发的AMAP系列软件[19]、CPFG软件[20]、Xfrog软件能够用于实现植物器官的三维模拟，但未能很好地将植物的生理生态特征与形态结构相结合。

基于模型的植物三维重建方法能够从外观角度，动态地展现植物在自然生长过程中发生的变化。同时，通过调整模型参数还能够还原特定植物主要器官的形态结构。广泛应用于植物生长过程的L-系统，它采用公理和产生式集的构建方式，以经验式的手法概括和抽象植物的生长发育过程，进而对植物的拓扑结构进行表达。Lintermann等通过特征参数、轴线、轮廓线和弧度构建一个叶片，旨在生成多样化的叶片造型，并通过交互方式调整叶片的形态[21]。陈刚等基于 L-系统开发的 GreenLab 构建出一个 3D 虚拟植物的冠层结构，利用正向光线跟踪及天空可见率算法模拟虚拟冠层内光辐射传输，基于太阳几何参数、大气影响参数及地理位置参数等计算真实环境中虚拟冠层顶部的实时 PAR 强度，有效地估算了植株光合生产力[22]。唐丽玉等针对模拟虫害影响植物形态结构的问题，将虫害影响耦合植物结构功能模型中的可视化模拟方法[23]。年飞翔以两处实验地中的实际干物质、叶倾角等形态参数指标数据为基础，构建了水稻的生育期、光合作用与干物质积累的模型[24]。参考轴技术，又称为自动机模型，是由法国 CIRAD 研究中心提出的一种基于马尔可夫链理论和"状态转换图"的随机过程方法[25-28]。该方法旨在模拟植物的生长、发育及死亡等自然过程，是比较适合仿真植物生长过程的模型。基于这一技术，后续开发了名为 AMAP 的建模软件，该软件已广泛应用于多种植物的构建[29]。在此基础上，Godin 等进一步提出了以不同时间度描述植物拓扑结构的模型[30]。

随着摄像设备的发展和普及，对物体及其周边环境的图像采集工作已经具备了高像素、多角度和获取方便等特点。基于图像的植物三维可视化建模，因其能够迅速且准确地构建三维模型，在计算机图形学和虚拟植物的研究中已成为热点，并且在农作物建模方面也有广泛的应用。Quan 等基于计算机视觉原理提出了基于图像的植物几何建模方法，借助不同角度拍摄的图片，从多幅图像恢复植物表面点的三维信息，进行叶片和枝干的三维重建，该方法特征点匹配计算量较大，对于拍摄设备精度要求较高，但最终多幅图像结合重建了真实感较高的叶片三维模型[31]。Grocholsky 等利用激光扫描仪扫描葡萄树的三维点云，将葡萄树冠层体积与三维点云建立相互关系，最终建立葡萄树的三维模型[32]。乔虹等采用 R-CNN 算法检测葡萄叶片,并通过改进滤波法对检测到的叶片进行跟踪,从而获取叶片正面图像[33]。Tony 提出了一种主动视觉方法,这种方法不是固定摄像机位置拍摄所有植物,而是根据植物结构进行个性化拍摄,并结合了体积和基于表面的重建来处理图像[34]。Tony 探索了使用手绘图像进行树木建模的新方法[35]。梁玉亮提出了一种基于相片的树木测量技术,通过深入研究相机成像模型,实现了快速且精确的图像测量,从而降低了调查劳动强度,提高了森林资源调查效率[36]。罗广宇在移动设备上利用单幅图像进行树木建模,并采用了明暗恢复算法来重建树木的三维形态。这种方法能够有效地从单幅图像中恢复出树木的三维信息,并生成相应的几何模型[37]。Quan 等则通过图片进行了植物枝干的模拟建模研究[38]。Santos 等将聚类分析方法应用于基于图像的三维植物重建过程。首先完成多角度立体植物重建,再利用平滑约束对密集点云进行分割得到叶片、节点甚至虚拟结构,最后使用 NURBS 曲线对植物叶片进行三维模拟[39]。温维亮等通过对玉米各器官的形态结构特征进行分析,建立了以品种、器官和生育时期等关键字为基础的玉米器官三维模板资源库[40]。

  国内外众多学者针对农作物的生长模拟模型和形态结构三维可视化展开深入研究,开发了多种农作物生长三维可视化系统及软件,并取得了许多研究成果。法国国际农业研究发展中心研发的 AMAP 系列软件通过集成多个子系统,实现了模拟植物在不同的生长环境、生长模拟模型以及形态结构特征等多个方面的三维可视化。诸叶平等开发了小麦-玉米连作决策支持仿真系统,该系统从生理生态角度出发,实现了小麦、玉米产量和品质的协同处理,并模拟了小麦-玉米周年连作的协同生长过程[41]。目前,构建虚拟植物模型的软件种类繁多,如 Speed Tree、Xfrog、Plant Studio、L-studio、Plant Factory 等[42]。它们能够依据植物的几何特征构建出逼真的植物模型,并根据植物的生长规律进行定量的模拟[43]。随着信息技术产业的进步,农业领域将更加注重整合农作物生长模拟模型和形态结构模型,并专注于开发出科学有效、便捷直观的农作物生长模拟三维可视化系统,以促进农业科技的发展。

(三) 虚拟小麦三维重建的国内外研究现状

小麦形态结构模型与三维可视化的研究,在小麦生长过程和真实农田环境模拟方面至关重要。通过在植物器官层次上描述小麦的形态结构,小麦形态结构模型能够展现小麦在不同环境条件下的形态差异,以及在特定生长环境下的动态变化。这一技术为植物的株型筛选、高产高效种植、抗倒伏能力提升以及作物群体设计与优化提供了技术支撑[44]。

谈峰等为构建出小麦根系的三维可视化模型,并呈现出根系的生长变化情况。采用了基于形态特征的模型重建方法,借助 OpenGL 进行了纹理映射、光照渲染以及阴影等渲染技术,在不同品种和种植条件下分别进行了小麦根系的三维可视化[45]。雷晓俊等提出了基于形态特征参数的麦穗几何模型构建方法,结合麦穗形态拓扑结构,在不同环境下实现了麦穗生长过程的三维可视化[46]。Fang 等利用工业相机获取小麦单株图像数据,基于体素对幼苗期小麦进行了三维重建[47];Duan 等和 Burgess 等基于 MVS-SFM 方法对小麦单株进行了重建,并同时提取了相关表型参数[48,49];李书钦等基于人工测量数据进行叶片模拟模型构建,利用 NURBS 曲面建模技术对叶片进行几何模拟,加入了小麦叶片卷曲和扭曲特性[50];王澍田利用手持式三维扫描仪对小麦植株的点云数据进行提取,通过对点云的三维信息的运用,进行小麦植株模型的重建[51];诸叶平等基于田间试验采集的小麦形态数据,提取具有小麦形态特征参数构建叶片、叶鞘等器官曲面网格模型,并基于

OpenGL 图形库和真实感图形显示技术，构建出具有较高真实感和平滑度的小麦形态结构模型，实现了不同品种小麦在不同施氮处理下的生长过程三维可视化[52]。刘丹等基于特定小麦品种的田间采集形态数据，结合 NURBS 曲面建模技术，并结合实际情况对叶片模型控制点进行调节，以实现叶片的卷曲及扭曲等形变状态，最终构建出具有较高的平滑度和真实感的小麦叶片模型[53]。

目前国内关于玉米、水稻等虚拟植物模型研究较多，而关于小麦虚拟作物模型的研究则相对较少，这与小麦生长周期长，器官生长变化测量相对不便等因素有关[54]。现有针对小麦的研究可以突出小麦株型差异并进行相关表型特征研究，但精确、动态地表达生长变化仍是一大挑战。因此，基于真实小麦形态特征和实测数据，构建虚拟小麦生长三维可视化系统，能够动态展示小麦的生长变化，并实时显示当前小麦的信息描述及周边环境的模拟，成为小麦三维建模工作的重点。

二、田间试验设计与数据采集

本次田间试验所种植的小麦品种为"新冬 22"，属于冬性早熟品种。其株高约为 80cm，株型较为紧凑。穗部形状类似纺锤，具有长芒，整体穗长大约 8cm。"新冬 22"的适应种植区域涵盖新疆南部和北部的冬小麦区域，是一种具有良好抗性和丰产潜力的冬小麦品种。试验种植区为新疆昌吉华兴农场的冬小麦试验田，采用等行距条播的方式进行种植，平均每亩 30 万~40 万株。

在本次冬小麦试验田选取长势良好但位置不同的三块研究区域，在每个选定的研究区域内，每次挑选出具有代表性的 100 株冬小麦进行测量。为了更加全面地记录冬小麦的生长变化，每隔 7 天进行一次冬小麦的数据采集工作。使用游标卡尺、直尺等工具进行实际测量，以获取其在不同生长时期的各个主要器官的具体形态参数。测量数据包括：株高、叶片长度、叶片最大宽度、叶片高度、茎秆直径、叶片数、麦穗高度、麦穗长度、麦穗直径、麦芒长度等形态指标，这些尺寸数据可以详细说明小麦的具体形态特征，并在每一次测量冬小麦时均对冬小麦进行实时的图像采集工作。

叶片：在每个测量周期内均使用直尺和游标卡尺对目标冬小麦叶片的生长情况进行测量记录，对每株冬小麦的叶片均分别记录其叶片长度和叶片最大宽度处的宽度大小。

茎秆：在每个测量周期内均使用游标卡尺、直尺或卷尺对目标冬小麦植株的茎秆长度、靠近地面和顶端的茎秆直径进行测量。

麦穗：在每个测量周期内均使用游标卡尺和直尺记录麦穗在抽穗期至成熟期的生长变化，包括距离地面高度，大小尺寸等。

在测量冬小麦形态尺寸的过程中，进行冬小麦器官和个体形态的图像拍摄汇总工作，为后期小麦三维可视化建模提供纹理图像和对比参照。同时为了便于数据统计和分析，每次测量所得的数据都会被汇总并整理成一张详细的数据表。其中，关于冬小麦的形态特征记录的7月2日成熟期部分主要数据记录表示可见表1-1，该记录表能够更加清晰、系统地记录和展示小麦的生长情况，为后续的研究提供数据支持。

表1-1　冬小麦部分性状实测数据　　（单位：mm）

茎长	叶1		叶2		叶3		叶4		叶5		叶6		穗长
	高	长	高	长	高	长	高	长	高	长	高	长	
552.2	18.9	57.7	41.7	59.7	68.7	158.8	170.1	145.1	272.3	176	478.8	130.7	60.5

（续表）

茎长	叶1		叶2		叶3		叶4		叶5		叶6		穗长
	高	长	高	长	高	长	高	长	高	长	高	长	
554	11.8	83.1	28.3	75.6	119.5	83.8	251.2	157.2	309.7	200.2	473.9	169.8	52.8
627.8	37.1	81.1	89.7	153.4	134.2	277.9	216.8	211.5	361.4	284.1	592.8	151.4	86.9
604.5	36.4	71.8	67.1	99.3	102.7	179.8	188.9	195.4	298.4	193.3	522.4	182.5	62.6
546.2	23.3	105.8	50.7	112.4	92.8	145.1	166.1	157.2	285.9	158.8	487.4	155.8	63.1
755.5	66.3	98.2	105.5	181.4	201	154.5	376.5	257.4	412.7	264.9	683.6	200.5	81.2
703.2	32.6	52.7	71.4	127.6	122.1	168.1	216.3	218.3	332.2	245.2	544.9	147.8	86.2
694.8	42.1	49.8	51.5	108.2	174.2	121.5	266.9	171.3	333.4	184.1	535.9	164.9	69.8
721.4	37.3	63.7	94.2	136.2	174.7	142.2	302.5	168.3	386.4	171.5	552.7	151.2	65.3
667.1	36.4	46.8	67.1	99.3	102.7	138.2	188.9	186.1	298.4	191.4	517.2	166.2	62.6
714.7	37.1	56.1	89.7	158.2	141.5	172.6	216.8	201.4	365.8	281.3	586.9	157.9	85.5

本次试验共计测得1 400条数据，其中成熟期冬小麦株高为571.5~836.7mm，穗长为52.8~86.9mm，茎直径为3.2~4.3mm，叶片为6片，最大叶片长为158.8~284.6mm，宽为8.5~15.6mm，最小叶片长为34.8~105.8mm，宽为2.1~4.2mm。

三、小麦器官模型构建

Blender是一款免费开源的3D模型制作软件，提供了大量关于绘制、建模和渲染等功能的基础工具，且Blender三维建模软件具备实时窗口预览功能，能够更直观地展现当前建模状态[55]。Blender中的三维模型是顶点的集合以预定义的方式结合在一起，物体面为大量三角面共同组成，一个三角面则是由三个顶点和三条边组成，相应在Blender中表示和编辑三维物体有三种方式：顶点模式、边模式、面模式。同时，在三维模型的建模方面,Blender 的建模速度优于其他三维建模软件,这得益于其建模过程中与各类修改器的紧密配合,以及通过使用快捷键达到更加流畅的效果,能够很好的将小麦三维模型进行建模。因此在前期已采集大量冬小麦形态数据基础上,本次试验中采用 Blender 三维建模软件对冬小麦的主要器官叶片、茎秆和麦穗进行三维模型的构建。

(一)茎秆器官模型

茎秆是植株的主要组成部分之一,具有支撑植物自身重量的作用[56],对作物的模拟模型及其可视化研究有着关键的作用。植物茎秆的可视化研究是虚拟作物乃至虚拟植物研究的重要组成部分,构建出逼真的植物茎秆模型不仅能够增强整体视觉效果,还能为绘制其他器官时确定其位置提供便利。小麦茎秆形态结构比较简单,由许多节和空心的节间组成,呈圆筒形,因此本研究通过在 Blender 中添加圆柱体进行修改后来模拟小麦的茎秆,如图 1-1 所示。

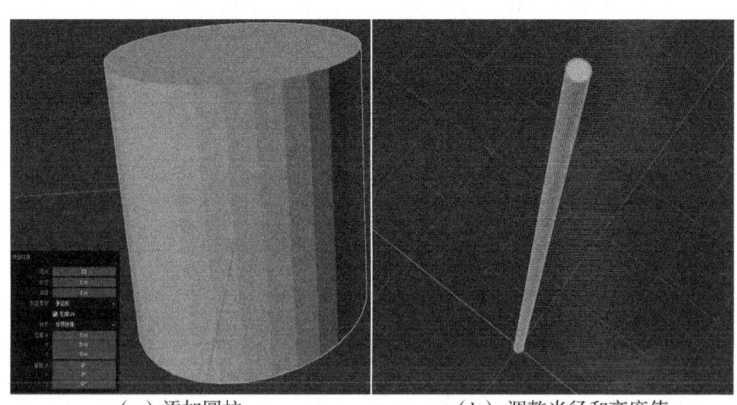

(a)添加圆柱　　　　　　(b)调整半径和高度值

图 1-1　小麦茎秆模型

在 Blender 建模软件添加圆柱体后可初步输入茎秆半径值和高度值为实测数据模拟小麦茎秆，同时由于三维模型基础的面为三角面无法很完美的显示曲面，同时在 Blender 中三维模型的面显示为多个三角面组成的多边形，如圆柱体的侧面为矩形，顶部为多边形。因此绘制点数量越多圆柱体越光滑但同时也会加大模型的复杂程度，占用更多的系统资源。本研究在编辑模式下对模型进行点、线、面调节，进一步将其修改为顶端较小底端较大接近圆柱形的茎秆，以及茎秆顶部因麦穗重量而稍微弯曲的茎秆，如图 1-2 所示。

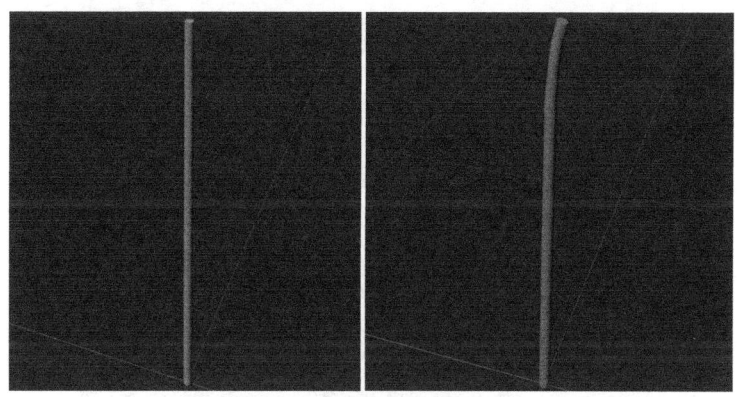

图 1-2 小麦弯曲茎秆模型

（二）叶片器官模型

叶子是植物形态结构中至关重要的组成部分，承担着蒸腾作用和光合作用等重要生理功能[57]。因此，如何构建出逼真的小麦叶片模型是后续构建虚拟小麦三维可视化模型的重点，也是动态模拟小麦生长变化的基础。NURBS 曲面能够精确表示二次曲线弧与二次曲面，并能通过控制点和权因子来灵活地改变形状，较为逼真的模拟小麦叶片的三维形态[58]。因此在

Blender 软件中使用 NURBS 曲面进行建模，如图 1-3 所示。

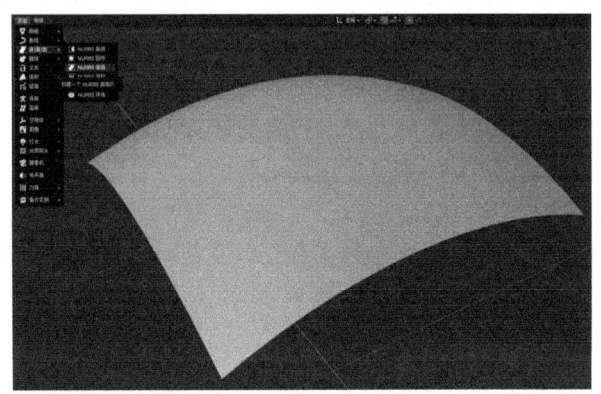

（a）NURBS曲面

（b）曲面控制点

图 1-3　小麦叶片模型

NURBS 曲面由 16 个控制点的位置和相互关联实现对复杂

曲面的模拟，在通过对真实小麦叶片的测量和采样后，使用NURBS曲面并通过调整控制点来近似模拟真实小麦叶片的形状，如图1-4所示。

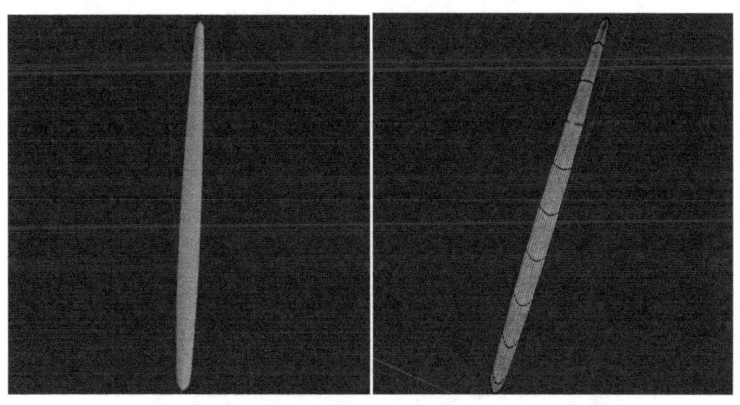

(a) 叶片模型　　　　　　　(b) 叶片点模式

图1-4　小麦叶片模型

(三) 麦穗器官模型

小麦麦穗的发育过程是小麦生长周期中的关键阶段，关于小麦生长过程的三维可视化研究中大多都为对叶片和茎秆的研究，而小麦麦穗生长模拟三维可视化的研究较少[59]。针对更为复杂的麦穗结构，在Blender中使用棱台状模拟其整体形态结构，同时为了贴近真实麦粒的形状，设计中使用凹凸处理的近似椭圆体来表示，其中麦芒使用极细的圆锥模拟，应用自动光滑修改器将模型生硬的棱角和边变得更加光滑自然，如图1-5所示。

按照真实小麦麦穗的形态拓扑结构，中间麦粒大两端麦粒依序减小和麦粒交错生长排序的规律将麦粒位置和个数进行合理分布，并对麦穗的支撑结构穗轴使用上细下宽的圆柱进行模

 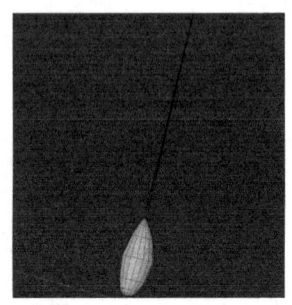

(a)麦粒模型　　　　　　　(b)麦粒点模式

图 1-5　小麦麦粒模型

拟，如图 1-6 所示。

(a)麦穗模型　　　　　　　(b)麦穗点模式

图 1-6　小麦麦穗模型

四、小麦形态结构渲染与场景构建

（一）真实感渲染

随着小麦的生长发育，小麦的各个器官也会在外观形态上发生显著变化。为提升小麦器官三维模型的真实感，需要采用计算机图形学中能够产生真实效果的图形学技术。这些技术能够模拟小麦器官表面颜色、纹理的变化，渲染出具有逼真外观的小麦器官形态结构模型。此外，为了进一步增强虚拟小麦的立体感，还需加入适当的光照和阴影效果。光影是影响小麦和其他虚拟植物显示的重要因素，对作物的可视化起着关键的作用[60]。通过使用 PyOpenGL 提供的各种接口就可以实现对小麦各器官的渲染，同时实现对具体形态的模拟[61]，因此采用 PyOpenGL 来渲染已构建的小麦叶片、茎秆、麦穗器官模型。

1. 颜色渲染

颜色渲染是通过拍摄并记录小麦器官的真实颜色，后续在渲染小麦器官时选择对应时期的器官颜色进行渲染，从而得到表面颜色较为真实的小麦器官模型。这一过程分为三个主要步骤：首先，从不同生长时期的小麦器官照片中提取出明显的特征颜色；其次，将提取到的特征颜色进行整理，根据小麦在不同生长阶段的颜色变化进行一一对应；最后，在渲染不同生长阶段的小麦器官时，选用相应的特征颜色参数进行渲染，以确保模型的颜色与真实情况高度相似（图 1-7）。

PyOpenGL，作为 Python 的一个 OpenGL 绑定库，为 Python 开发者提供了使用 OpenGL 进行图形编程的便利。在 PyOpenGL 中，通过将 OpenGL 的丰富函数映射为 Python 的对应函数，使得 Python 开发者能够直接调用这些功能，轻松实现图形的渲染与处理。为了实现从指定的图形数据到屏幕上显示的图像转换，PyOpenGL 遵循一个基础的渲染流程，如图 1-7 所示。该流程涵盖了从顶点数据转换到最终像素显示的各个环节，每一阶段都处理着特定的任务。

2. 纹理映射

纹理映射是指拍摄获取小麦器官图像并对其进行处理后，

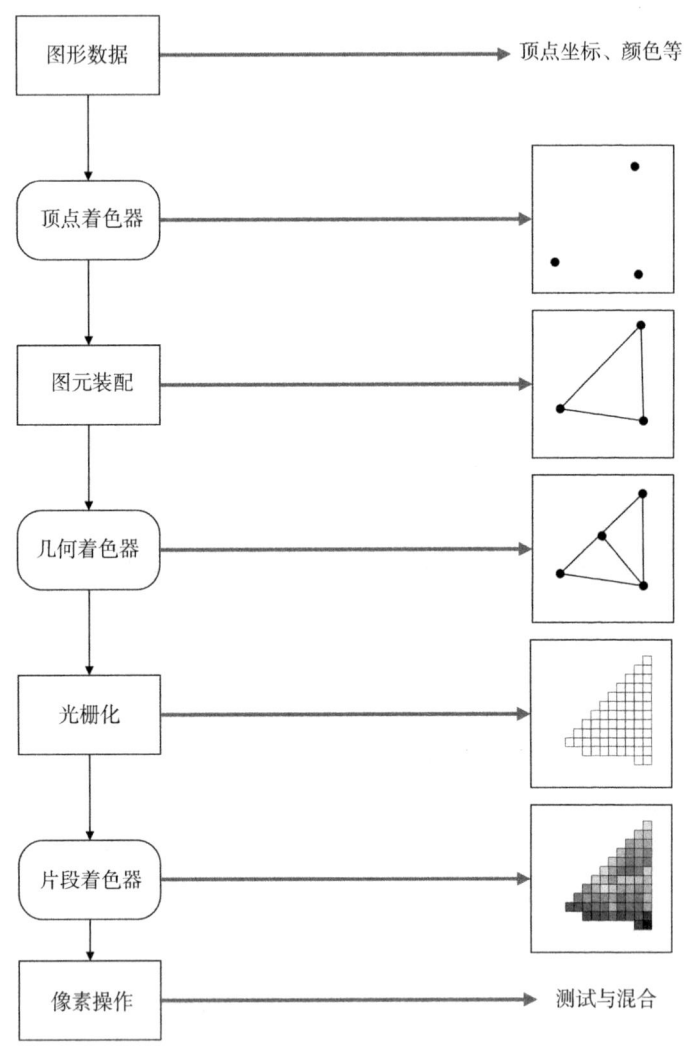

图 1-7　渲染流程

将其纹理数据绑定至小麦器官的三维模型上。相较于单纯的颜色渲染,纹理贴图所呈现的真实感不仅在颜色上与真实情况高度吻合,还能模拟出物体表面的纹理、图案等,从而使渲染结果更加逼真。此外,纹理映射通过采用纹理坐标来精确指定图像上的像素点,并在片段着色器中对这些像素进行插值处理。为了增加渲染效果,在本次研究中主要使用纹理贴图的方法对小麦器官进行真实感渲染。

除采集小麦形态尺寸数据的工作外,还在不同生长阶段内拍摄记录了小麦的真实图片,并将这些图片按照小麦的叶片、茎秆和麦穗进行划分。为了得到更加逼真的纹理图,利用图像处理软件对纹理照片做进一步处理,让纹理图片在保持统一像素大小的同时,能够更加真实地还原小麦的实际纹理,为后续的三维可视化提供了高质量的素材,如图1-8所示。

对小麦器官模型进行纹理映射的具体实现步骤如下:

(1) 读取小麦器官的三维模型文件中的顶点坐标和纹理坐标等数据,使用glGenTextures()函数生成某一小麦器官的特定纹理图片对象,并通过调用glTexParameteri()函数设置渲染过程中该纹理的呈现效果;

(2) 根据不同的小麦器官生成相应纹理图片对象后,调用glTexImage2D()函数指定要使用的纹理图像,供后续渲染中使用;

(3) 使用glBindTexture()函数实现将具体纹理图片映射到器官三维模型中,并运用glDrawArrays()函数对渲染好纹理的模型进行绘制。

在已构建完成的小麦器官的三维模型基础上,进行纹理映射后生成了形象逼真的叶片、茎秆及麦穗三维可视化模型如图1-9所示。

从图1-9可以清晰地观察到,通过纹理映射后的小麦各

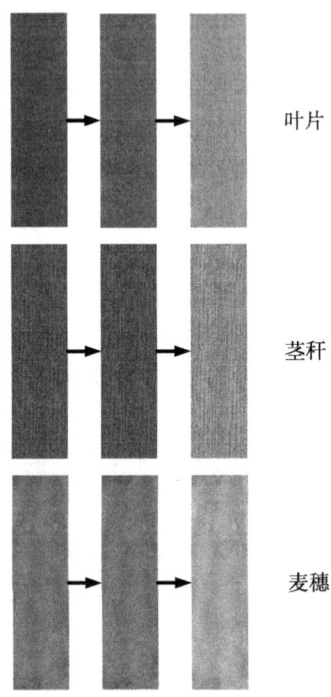

图1-8 小麦各主要器官纹理

主要器官模型,其叶片、茎秆及麦穗的细节信息得到了生动展现。这种模拟效果不仅让模型更加真实,而且更贴近实际的小麦形态。基于此还可以进一步对不同生长时期的小麦各器官进行精准模拟。

3. 光照处理

PyOpenGL采用了只考虑局部区域的光照情况进行物体的光照着色,该物体的所有点仅使用环境光、漫反射光和镜面反射光这三种主要光照成分进行光照处理。为了真实地模拟小麦田间的光照效果,利用在PyOpenGL中的一系列函数与模型进

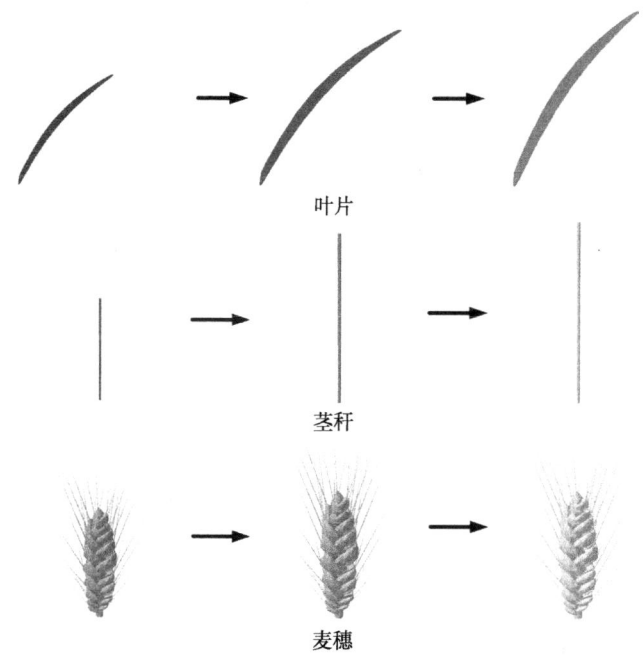

图 1-9 小麦各器官的纹理映射效果

行真实光照模拟。在 PyOpenGL 中,通过设置光源的不同属性,能够模拟现实世界中的光照效果。其中光源位置在光照模型中起着举足轻重的作用,通过设置光源位置可以确保光线能够精准地照射到场景中的特定物体或区域,从而模拟出光线从不同角度照射物体的效果。接着测试和调整光照属性值,可以在 PyOpenGL 中模拟出最佳的光照效果,使渲染效果更加真实[62]。

在实际的小麦田环境中,太阳是小麦生长发育过程中最主要的光源。由于太阳光的类型是平行光,因此本书选择使用平行光源进行模拟,基本步骤如下:

(1) 添加环境光照效果：环境光照的实现非常简单，只需将设定好的光的颜色乘以照射地方物体的颜色，然后将该结果作为渲染的颜色。

(2) 添加漫反射光照效果：漫反射光是通过计算物体与光线方向的距离和角度决定最终的亮度，首先根据被照射物体的法向量和光照方向计算光线照射物体表面时的入射角度；其次根据入射角度进一步计算出漫反射光照的照射强度；最后将光源的颜色和物体表面的漫反射光照的照射强度结合起来，计算出最终的漫反射光照效果。

(3) 添加镜面反射光照效果：与漫反射光一样，镜面反射光也具有明显的方向性。由表面法线和反向光向量反射的向量做点积，再将光源的颜色和物体表面的反射率结合起来，计算出最终的镜面反射光照效果。

（二）实时阴影渲染

1. 阴影实现

阴影是光线被物体阻挡的结果。当光源的光线由于其他物体的阻挡无法到达物体表面时，使某物体的表面无法接收到光照，这个物体便会被笼罩在阴影之中。阴影的存在不仅让场景呈现出更为逼真的视觉效果，同时也为观察者提供了关于物体之间空间位置关系的重要线索。在阳光下小麦总会在自身或地面或其他小麦叶片的器官上投下斑驳的阴影，是小麦十分重要的视觉特征[63]，并且对提高小麦实际场景的真实感具有重要意义[64]。

但实现阴影的效果在当前渲染领域还是难以实现，目前的主流的阴影渲染技术有以下两种：

（1）投射阴影法：将点光源，一个需要渲染的物体，以及投射阴影所处的平面，通过生成变换矩阵，将物体的点变换为相应在投射阴影平面的点,之后将其进行绘制就是该物体的阴影,如图1-10所示。该方法的实现十分高效且容易实现,但仅适用于平坦的表面,无法对曲面或其他物体进行投射阴影。

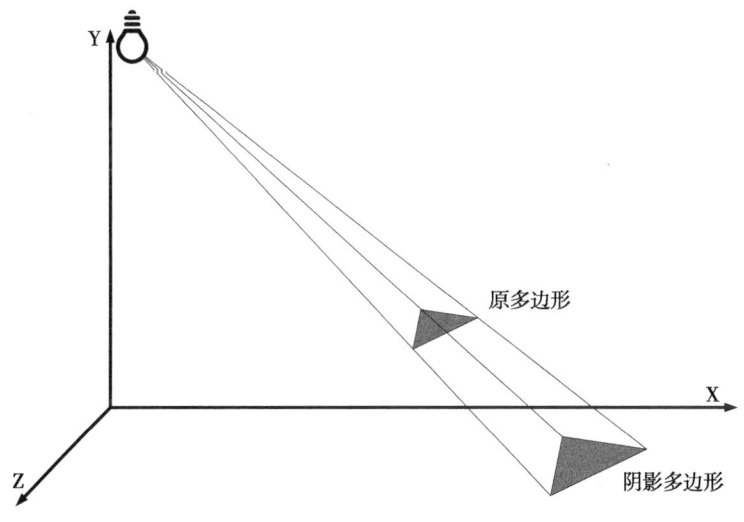

图1-10 投射阴影法

(2)阴影贴图法:首先从光源的视角渲染场景,并将深度信息(深度图)存储在一个特殊的纹理中。然后,通过比较从观察者视角下的每个片段到光源的深度值与深度图中的对应深度值,确定片段是否在阴影中,如图1-11所示。

在计算机图形学中,阴影通常可以简单地分为**硬阴影**和**软阴影**[65]。硬阴影指的是虚拟场景中某点明确处于阴影中或阴影外的状态,呈现出明显的边界和清晰的轮廓。在真实环境中,物体接受光源照射时,其表面并非完全处于阴影或光照之中,而是存在部分区域被光源的某一部分发出的光线所照射到。

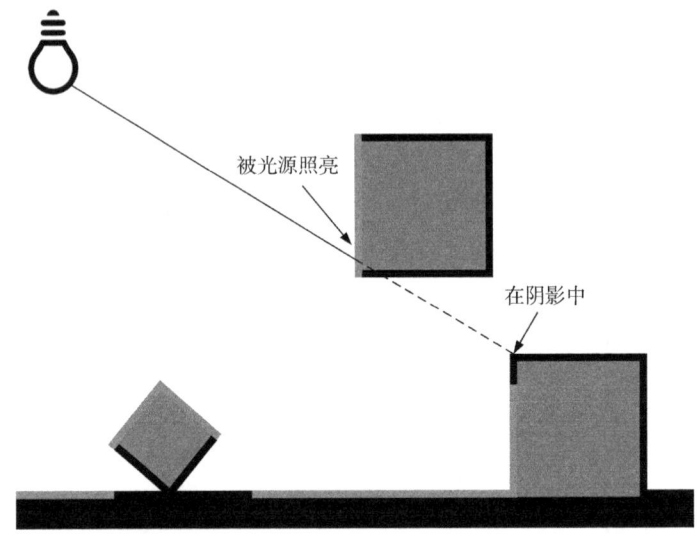

图 1-11 阴影贴图法

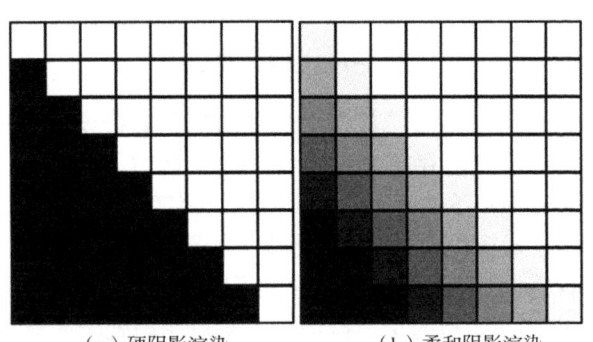

（a）硬阴影渲染　　　　（b）柔和阴影渲染

图 1-12 两种阴影渲染对比

百分比临近滤波法（PCF）是一种能够生成软阴影且具有

较高的灵活性和通用性的方法，其核心在于通过多次采样目标点周边多个位置的阴影纹理，精确估算出这些位置在阴影中的占比。随后，对正在渲染的像素进行修改。如图1-12所示，相对于硬阴影渲染存在的明显锯齿状效果和过渡生硬不真实的缺陷，百分比临近滤波法通过对深度图中的多个采样点进行平均，减少阴影边缘的锯齿状效果，使得阴影边缘更加平滑和自然。

2. 阴影效果及对比

为了更直观地展示百分比临近滤波法的渲染效果，先后采用阴影贴图法绘制小麦阴影，其中前者未采用百分比临近滤波法去渲染柔和的软阴影；而后者则使用了该方法去渲染软阴影。如图1-13所示传统的阴影贴图技术会在图像放大或缩小时失去细节，导致阴影边缘过于生硬或不自然。

传统的阴影贴图渲染效果　　　　　使用百分比邻近滤波渲染效果

图1-13　阴影贴图渲染效果对比

（三）小麦三维生长变化场景实现

1. 场景中的坐标系定义和坐标转换

模拟小麦生长变化是通过小麦形态结构模型变化和空间位

置变化实现的。本书先在 PyOpenGL 中设置空间坐标系统和坐标的范围，之后再在顶点着色器中将这些坐标转换为标准化设备坐标。然后将这些标准化设备坐标传入光栅器，再将其换为屏幕上的二维坐标或像素。为完成将一个模型加载最终显示到屏幕上，顶点坐标需从局部空间开始，称为局部坐标，然后经世界坐标、观察坐标、裁剪坐标，并最终以屏幕坐标结束。其中，需要用到且最为重要的是模型、视图和投影三个矩阵，如图 1-14 所示。

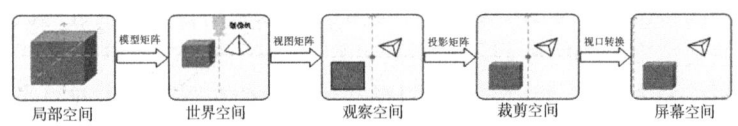

图 1-14　PyOpenGL 坐标系统

其中，局部空间中的局部坐标系就是以物体的中心作为坐标系的原点，一个物体中所有顶点都在局部空间中，且后续对该物体进行空间位置变换时，该局部坐标系内所有顶点都会进行相同的空间变换。

世界空间是整个渲染场景的空间，是包含所有物体的空间。模型矩阵由平移矩阵、缩放矩阵和旋转矩阵共同组成，每个物体通过模型矩阵完成平移、缩放和旋转的操作，将其置于世界空间的某个位置或方向，如图 1-15 所示，通过平移变量（T_x，T_y，T_z）、缩放变量（S_1，S_2，S_3）以及三个分别沿 x、y、z 轴旋转角度 θ 完成了将物体放置到世界空间中某一位置的操作。

观察空间又称为摄像机空间，是将物体的世界空间的坐标转换为真正看到的空间坐标，即从摄像机的角度观察到的空间，这通常由一系列的平移和旋转的组合的视图矩阵来完成。一个常见的视图矩阵为 LookAt 矩阵，如公式（4-1）所示，R、U 和 D 分别是摄像机的右向量、上向量和方向向量，P 是

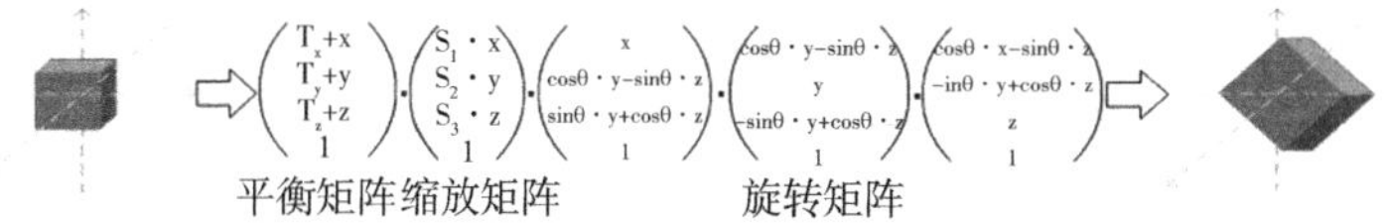

$$\begin{pmatrix} T_x+x \\ T_y+y \\ T_z+z \\ 1 \end{pmatrix} \begin{pmatrix} S_1 \cdot x \\ S_2 \cdot y \\ S_3 \cdot z \\ 1 \end{pmatrix} \begin{pmatrix} x \\ \cos\theta \cdot y - \sin\theta \cdot z \\ \sin\theta \cdot y + \cos\theta \cdot z \\ 1 \end{pmatrix} \begin{pmatrix} \cos\theta \cdot x - \sin\theta \cdot z \\ y \\ -\sin\theta \cdot y + \cos\theta \cdot z \\ 1 \end{pmatrix} \begin{pmatrix} \cos\theta \cdot x - \sin\theta \\ -\sin\theta \cdot y + \cos\theta \\ z \\ 1 \end{pmatrix}$$

平衡矩阵　缩放矩阵　　　　　　　　　旋转矩阵

图 1-15 模型矩阵变换

摄像机的位置向量，通过 LookAt 矩阵就可以方便地创建在一个摄像机位置看向目标位置的视图矩阵。

$$\text{LookAt} = \begin{bmatrix} R_x & R_y & R_z & 0 \\ U_x & U_y & U_z & 0 \\ D_x & D_y & D_z & 0 \\ 0 & 0 & 0 & 1 \end{bmatrix} * \begin{bmatrix} 1 & 0 & 0 & -P_x \\ 0 & 1 & 0 & -P_y \\ 0 & 0 & 1 & -P_z \\ 0 & 0 & 0 & 1 \end{bmatrix} \quad (4-1)$$

裁剪空间能够通过透视来模拟出真实世界的物体远近，还会将位于裁剪空间之外的其他物体给裁剪掉。为了从观察空间转换到裁剪空间，需要定义一个投影矩阵指定坐标的范围，同时投影矩阵根据投影方式可分为正射投影和投射投影，如图1-16 所示。正射投影由宽、高、近平面和远平面所指定，任何出现在近平面之前或远平面之后的坐标都会被裁剪掉。因其是一种平行投影，虽能较为准确地表示物体的形状和大小关系，但其缺乏透视感和立体感，在需要展示物体空间形态和视觉效果的场景中效果较差。而透视投影投影方式与现实相同，遵循着"近大远小"的透视规律，除了宽高比和远近平面位置，还需定义视野大小来控制渲染场景的范围大小，因此实验中采用透视投影来模拟人眼观察小麦时的视觉效果。

最后需要将裁剪坐标转换为屏幕坐标，这一过程成为视口变换。视口变换将裁剪空间范围内的坐标利用视口变换矩阵进行坐标变换，视口变换矩阵如公式（4-2）所示。其中 w 和 h 是渲染屏幕的宽和高，f 和 n 分别是近平面和远平面与投影点

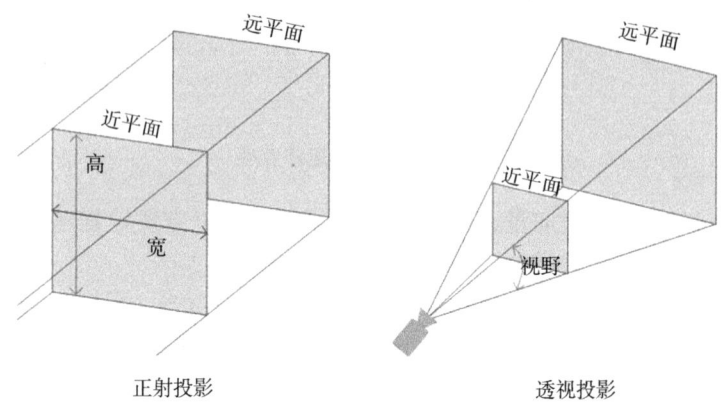

图 1-16　投影矩阵的两种方式

的距离，通过计算会得到物体中的所有点最终在绘制屏幕上的具体坐标，最后实现将物体渲染到屏幕的固定区域上。

$$M_{viewport} = \begin{bmatrix} \dfrac{w}{2} & 0 & 0 & x+\dfrac{w}{2} \\ 0 & \dfrac{h}{2} & 0 & y+\dfrac{h}{2} \\ 0 & 0 & \dfrac{f-n}{2} & \dfrac{f+n}{2} \\ 0 & 0 & 0 & 1 \end{bmatrix} \quad (4\text{-}2)$$

在 PyOpenGL 的编程过程中，坐标系的正 X 轴方向指向为右，正 Y 轴方向指向为上，正 Z 轴方向指向为前。

2. 田间环境模拟

模拟田间环境时，首先为虚拟小麦场景添加地面部分的模拟，通过在 Blender 中使用矩形平面构建基础的地面模型，并导出为 OBJ 格式，以便在后续的虚拟可视化系统中便捷使用。接着使用 PyOpenGL 将农田纹理图片对地面部分进行渲染，如图 1-17 所示。

图 1-17　地面部分渲染效果

天空盒方法的显著优势在于，它巧妙地处理了天空与地面之间的边界，使之过渡自然、平滑，场景中的物体与天空背景融为一体。天空盒技术的具体实现流程如图 1-18 所示。

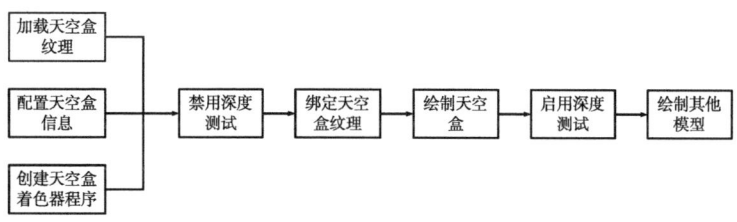

图 1-18　天空盒实现流程

为了进一步增强小麦虚拟生长三维可视化系统的真实感，本书在农场环境模拟中引入了天空盒技术。本次选用的模拟农场周围环境的 6 个天空盒纹理如图 1-19 所示，而将六个面进行拼接为一个完整的立方体效果如图 1-20 所示。通过将视角置于天空盒内部，并确保天空盒在视角移动时与之同步移动，这样便模拟了广袤农场环境的远景。

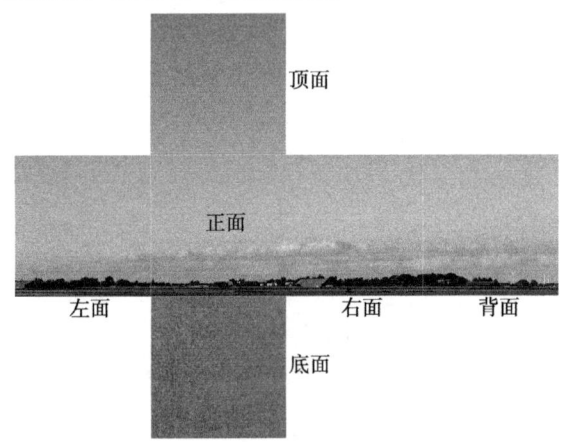

图 1-19　天空盒纹理

图 1-20　天空盒效果

五、小麦虚拟生长三维可视化系统开发与实现

(一) 可视化系统功能与构建

小麦虚拟生长三维可视化系统旨在提供一个更为真实、自然的展示平台，用以展现小麦模型及其生长动态变化。通过该系统，可以更加深入地了解和认识小麦生长过程中形态结构特征的差异。系统展示的小麦生长变化效果如图 1-21 所示，研究中分三个层次实现。

图 1-21 模拟小麦生长变化

1. 基础数据层

基础数据层涵盖了小麦品种参数、田间实测数据、纹理图片以及生长模型模拟数据等多个方面。

小麦品种参数：包括小麦品种、总叶片数、生长发育周期和形态结构特征等。

田间实测数据：通过游标卡尺等测量工具，在小麦的生长周期内持续进行间隔测量所得。共收集了不同生长周期的1 400条小麦实测数据，这些数据涵盖了小麦的多个形态特征，依靠这些数据构建的模型能够更加真实、准确地反映小麦的生长规律和变化趋势。

纹理图片：通过记录和汇总了大量小麦整体及其各器官在不同生长阶段下的形态特征照片，这些图片素材确保了虚拟小麦的主要器官在形状和颜色纹理方面与真实小麦保持一致，为系统的三维可视化提供了坚实的基础。

生长模型模拟数据：基于田间试验实际测得的小麦形态尺寸数据，构建的一个以氮肥梯度为关键参数的小麦生长模拟模型。同时模拟的生长数据输入进小麦虚拟生长三维可视化系统，系统便能以动态的方式展示小麦在不同施氮量下的生长过程。

2. 模型渲染层

模型渲染部分涵盖了小麦器官模型、各器官渲染模型及小麦个体的可视化模型。小麦器官模型则根据实地观察拍摄的3个小麦主要器官的形态结构特征，使用Blender建模软件进行建模。对各器官模型的渲染是依靠PyOpenGL提供的接口，实现对具体形态的模拟，从而建立视觉上逼真的器官结构模型。小麦个体化模型构建以小麦器官模型和各器官渲染为基础，根据其生长模型的数据，动态呈现小麦在生长周期内的形态变化。

3. 显示交互层

作为小麦虚拟生长三维可视化系统的展示平台，设计中运用了PyOpenGL技术。同时，为了更好地模拟小麦生长的周边环境，采用了天空图盒技术营造出更为逼真的环境氛围。为还原虚拟植物的真实生长过程,设计中应用了交互式控件。通过这些控件,旨在更直观地观察到小麦生长及其器官变化的不同阶段。

(二) 可视化系统设计

1. 系统开发环境

该系统在 Windows 操作系统上,采用 Pycharm 和 Python 为项目开发工具和编程语言,以 PyOpenGL 为图形编程工具,以 Pyside6 为用户界面开发工具,使用 Bldender 作为器官建模工具,具体配置信息如表 1-2 所示。

表 1-2 平台具体配置信息

参数	配置信息
操作系统	Windows 11 专业版
中央处理器	Intel (R) Core (TM) i7-11800H @ 2.30GHz
内存	16GB
图形处理器	NVIDIA GeForce RTX 3060 Laptop
显存	6GB
Python 版本	3.10.10
Pyside6 版本	6.5.1
PyOpenGL 版本	3.1.6
Blender 版本	4.0
Pycharm 版本	2023.3.5 (Professional Edition)

2. 系统功能模块设计

小麦虚拟生长三维可视化系统具备两大主要功能:静态模拟小麦器官和个体的形态结构模型,以及动态模拟小麦的生长过程。该系统的核心功能主要由系统参数设置、小麦器官可视化、小麦个体可视化以及系统交互与信息显示这四个模块共同构成。

"系统参数设置"模块：该模块充分融合了田间试验的实测数据和小麦生长模拟模型输出数据，从而可以较为准确地设定小麦生长可视化系统的运行参数。这些参数包括小麦所处生长日的选择、氮处理梯度和叶长、叶宽、叶高和麦穗长等小麦器官形态数据。通过系统参数设置模块，可以方便地对三维可视化系统设置参数实现不同的生长效果。

"小麦器官可视化"模块：根据"系统参数设置"模块所设定的参数数据，该模块能够模拟出相对应小麦主要器官的三维形态，包括小麦叶片、麦穗、茎秆等器官的三维形态，并使用纹理贴图等真实感图形技术进行渲染。

"小麦个体可视化"模块：该模块巧妙融合了小麦生长模拟模型与各器官形态结构模型，不仅能够实现小麦植株在不同生长阶段逼真的静态三维模拟，也能呈现小麦植株在整个生育期的动态生长过程，为用户提供连续、真实的可视化体验。

"系统交互与信息显示"模块：该模块能够充分利用键盘、鼠标等输入设备，使得用户在可视化系统界面上能够自由地进行视角的缩放、旋转和移动操作，从而实现对虚拟小麦的全面观察，且能够通过便捷的操作实现轻松地对虚拟小麦植株进行旋转控制，以便更细致地查看其生长细节。该模块在实现用户与小麦生长可视化系统的实时交互的同时，也实时显示当前虚拟小麦的详细信息。

（三）系统实现

1. 交互控制与信息显示

在本次研究中，小麦虚拟生长三维可视化系统的基础功能在于实现多角度自由观察小麦模型。PyOpenGL 的相机即视点，其功能和作用类似于摄像机的镜头或人眼的视觉，通过灵活调整视点，用户能够以多样化的方式观察场景[66]。为了实现这一功能，需要将相机放置在渲染空间的特定位置，通过调整相机的位置、角度等参数，可以实现不同视角的轻松切换，如图 1-22 所示。这一设计使得用户不仅能在宏观的角度上观察整株小麦的生长态势，还能通过移动相机实现放大功能，深入观察某一具体器官的细节，从而为用户提供更加全面的视觉体验。

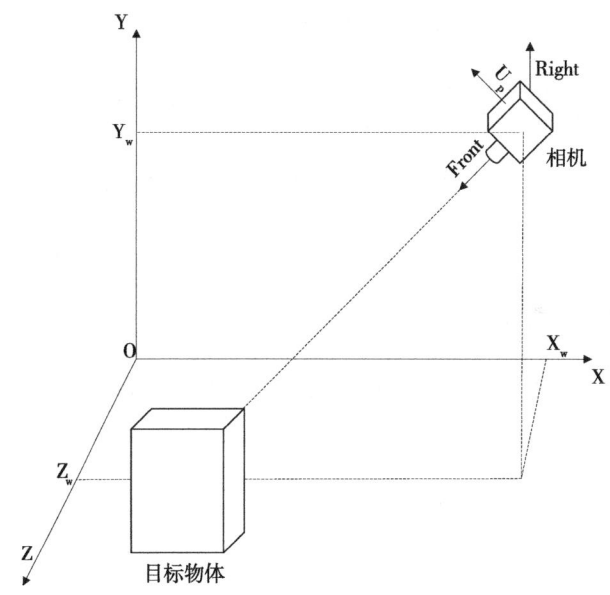

图 1-22 PyopenGL 视角操控

为了提高系统展示小麦各部分结构特点的效率，代码控制部分特别集成了使用鼠标与键盘进行操作的功能，使用户能够轻松地对相机视角进行移动、旋转和缩放的操作。这些操作展现了虚拟生长三维可视化系统的自由性和灵活性，为用户更全面更便捷地观察小麦各器官提供了便利。研究设计的小麦虚拟生长三维可视化系统的可视化界面包含两个主要的显示区域和一个控件区域，如图 1-23 所示。显示虚拟小麦和田间环境的虚拟显示区占据上方大部分区域，显示当前小麦详细信息的信息区占据上方右侧小部分区域，而将大多数控件放置在下部的控件区内，从而为用户提供了一个既直观又操作便捷的可视化平台。

图 1-23　小麦虚拟生长三维可视化系统界面

其中，三维展示区域被放置在界面的左上方，占据了绝大部分区域。在这一区域内，用户可以通过使用键盘和鼠标进行操作，易于实现视角的移动、旋转和缩放，全方位地观测虚拟小麦的结构形态。此外，可以通过双击鼠标进入旋转小麦模式，在该模式下同样可以使用键盘和鼠标进行操作，以便从不同的角度和距离对虚拟小麦进行细致的观察。具体的操作说明如表 1-3 所示。

表 1-3　快捷键功能表

名称	功能介绍
相机移动快捷键	W、A、S、D、Q、E 键控制相机前、左、后、右、上、下移动
相机视野缩放快捷键	鼠标滚轮前后滚动，拉近或拉远相机视野
旋转观察快捷键	鼠标左键双击后左右移动鼠标可控制小麦进行旋转，按下 X 键后可进入使用 Z、C 键来微调左右旋转角度

右侧较小区域被专门用于展示当前小麦的详细数据。系统在这一区域内根据当前展示的虚拟小麦，能够实时同步地显示各小麦器官随着生长而产生的形态尺寸变化，其中小麦叶片按生长顺序进行编号。用户通过这一区域，可以迅速了解小麦的生长状态。

在显示区域的下方设置了一个放置控件的区域，旨在为用户提供对小麦生长过程的动态控制功能。这些控件不仅允许在点击"开始"按钮后，实现虚拟小麦的动态生长，还具备"暂停""重置""清除"等多种操作选项，同时可以通过拖动滑块控件，进一步实现"跳转"控制，从而迅速浏览小麦在不同生长阶段的具体状态，可视化系统具体使用控件如表 1-4 所示。

表 1-4　系统控件表

控件名称	控件类型	功能描述
开始	QPushButton	用于开始生长模拟，以及在暂停后恢复虚拟小麦的动态生长进程
暂停	QPushButton	暂停虚拟小麦的动态生长进程，保持在某一特定状态
重置	QPushButton	清除当前虚拟小麦的生长变化状态，将其恢复至初始的生长状态

（续表）

控件名称	控件类型	功能描述
清除	QPushButton	用于撤销之前对视角的所有操作，将视角迅速恢复至初始状态
进度条	QSlider	通过自由拖动进度条滑块改变虚拟小麦的生长进程，以迅速展示小麦在不同时间点的具体生长情况
详细信息显示	QLable	同步显示当前虚拟小麦所处的生长周期以及具体器官主要参数
三维显示区域	QOpenGLWidget	进行虚拟小麦以及周边环境的三维可视化呈现

为了更高效地展示小麦生长效果，将该参数暂时设定为5秒。此外，还引入了模拟开始时间、模拟进行时间以及模拟暂停时间等变量，通过计算和调整变量可以实现在小麦生长过程中的自由控制，包括开始模拟、暂停模拟、恢复模拟以及通过拖动滑块来自由改变生长时间，从而更加灵活地展示当前虚拟小麦的生长状况。如图1-24所示，通过移动滑块，小麦虚拟生长三维可视化系统能够实现对成熟期小麦的虚拟展示。

2. 单株小麦静态模拟

基于已经构建完成的小麦各主要器官的三维形态模型，利用上述纹理贴图、光照处理等方法对其进行处理后，生成了具有真实感的小麦茎秆、叶片及麦穗的三维可视化模型。在结合某一时期小麦各器官的实际测量数据后，根据小麦的生长特征以及实地拍摄的图片，能够模拟出某一特定时刻的整株小麦。为了准确模拟小麦的形态和尺寸，从成熟期小麦数据中抽取20条数据，并取其平均值作为模拟的基准尺寸数据，如表1-5所示。

图 1-24　可视化系统对成熟期小麦的虚拟展示

表 1-5　成熟期基准尺寸数据　　　　（单位：mm）

主要器官参数类别	详细尺寸参数
株高	664.67
茎秆长度	592.48
茎秆直径	3.68
叶 1 高	30.925
叶 1 长	89.345
叶 1 宽	3.595
叶 2 高	63.32
叶 2 长	127.755
叶 2 宽	4.47
叶 3 高	125.06
叶 3 长	181.925
叶 3 宽	6.92
叶 4 高	221.885

(续表)

主要器官参数类别	详细尺寸参数
叶4长	213.38
叶4宽	7.83
叶5高	315.13
叶5长	219.77
叶5宽	10.14
叶6高	523.71
叶6长	172.125
叶6宽	13.26
麦穗高	592.48
麦穗长	72.19
麦穗宽	12.84

通过这种紧密结合实测数据的模拟方法，能够更准确地模拟出特定时刻小麦的形态和尺寸，同时小麦个体间的差异性也通过这种方式展现，从而提供了一个直观且便捷的方式能够清晰地观察和研究小麦在不同时刻的生长状态和外观变化，如图1-25所示。

3. 群体小麦动态生长模拟

经过前期试验与研究，已经成功实现了在短短5秒内对单株小麦在整个生长周期内的变化进行三维虚拟呈现，并且提供了自定义虚拟生长模拟时长的功能，可以通过修改模拟时长以满足不同需求。为了更贴近实际，更真实地反映麦田的实际情况。在构建群体小麦的虚拟模型时，充分参考了小麦试验田中的真实群体小麦生长状况，在实验中渲染64株小麦实现对小麦田的模拟，群体小麦生长渲染如表1-6所示。

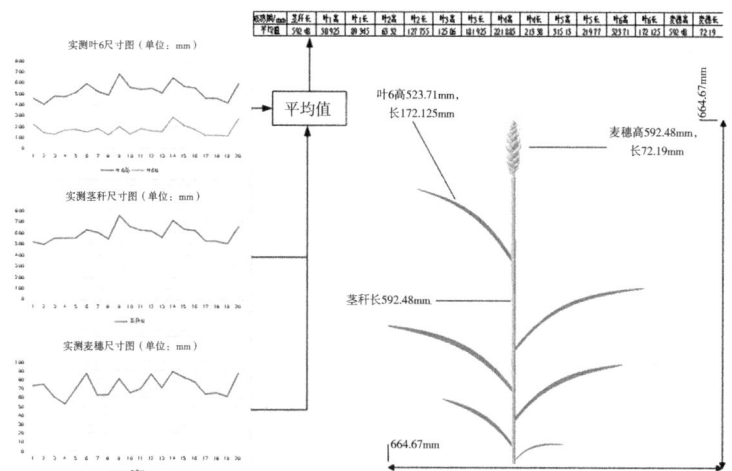

图 1-25　成熟期对应虚拟小麦

表 1-6　群体小麦生长的算法实现

Algorithm 3 Group wheat growth
输入：小麦器官 obj 模型、小麦生长数据和 64 株小麦分布的位置坐标；
输出：动态生长的群体小麦。
(1) 存储所有器官的位置和模型信息，并实现单株小麦的绘制；
(2) 构建小麦分布位置坐标数组 wheat_ pos［［x］，［y］，［z］］，使用 translate 函数将所有 64 株小麦放置到指定地点；
(3) 对 64 株小麦分别设置随机参数，使用 rotate 函数和 scale 函数实现每株小麦差异化绘制；
(4) 以小麦生长数据为基础，绘制群体小麦的动态生长。

模拟中注意到，处于群体外侧和群体内侧的小麦在生长状况上存在差异，因此对这两部分小麦进行了差异化的构建。这种差异化的构建使得群体小麦动态生长模拟更加贴近实际。如图 1-26 所示，通过对小麦田的整体建模和仿真，可以更好地

了解小麦田的生长规律和空间分布特征，为农业生产和管理提供更加全面的数据支持。

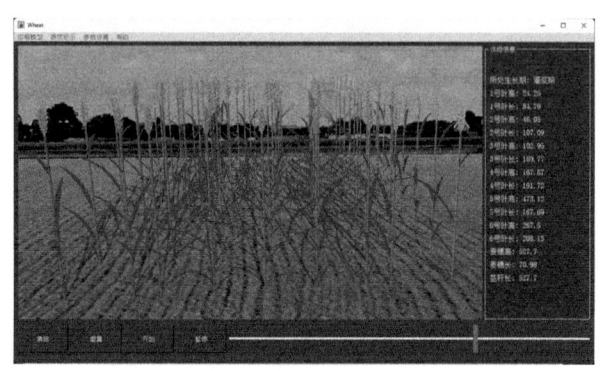

图 1-26　群体小麦动态生长模拟

为了更全面了解群体小麦的生长状态，进一步采用了交互控制技术来实现对视角的灵活操作，从而实现对群体小麦的三维可视化展示。如图 1-27 所示，通过交互控制对视角的调整，得到了更加详尽的三维可视化图像。

图 1-27　视角改变后的群体小麦模拟

参考文献

[1] 朱艳,汤亮,刘蕾蕾,等.作物生长模型(CropGrow)研究展望[J].中国农业科学,2020,53(16):3235-3256.

[2] 赵春江,杨信廷,李斌,等.中国农业信息技术发展回顾及展望[J].农学学报,2018,8(1):172-178.

[3] 田宇.基于多边形建模和动画关键帧技术的小麦生长三维可视化[D].晋中:山西农业大学,2020.

[4] 艾施荣,何火娇,吴瑞梅.虚拟作物研究综述[J].江西农业大学学报,2003(S1):46-49.

[5] 任月.基于分形随机参数L系统的马铃薯叶茎模拟[D].晋中:山西农业大学,2019.

[6] 李炜,朱德利,王青,等.监测生长状态和环境响应的作物数字孪生系统研究综述[J].中国农业科技导报,2022,24(6):90-105.

[7] 邓旭阳.虚拟作物建模与可视化研究[D].北京:首都师范大学,2005.

[8] 田悦,赵萍,李永奎,等.虚拟植物研究现状与建模方法分析[J].江苏农业科学,2018,46(22):14-19.

[9] 吴峰峰,朱波,周恺,等.虚拟作物模型的研究现状及展望[J].北方园艺,2020(1):162-169.

[10] DEWIT C T. Simulation of assimilation respiration and Tra-Nspiration of crops [M]. Wagening-En: Simulation Mongraphs, 1978: 233.

[11] RITCHES J T. The ceres-maize model. jones C A Ki-

niryj R. ceres – Maize – a simulation model of maize growth and development [C]. Texas a and M University Press,1986.

[12] 严力蛟,王兆骞,杜建生,等.水稻生育期的动态模拟模型研究[J].浙江农业大学学报,1998,24(3):233-237.

[13] 常丽英,朱艳,曹卫星,等.水稻叶色变化动态的模拟模型研究[J].作物学报,2007,33(7):1108-1115.

[14] 汤亮,朱艳,刘铁梅,等.油菜生育期模拟模型研究[J].中国农业科学,2008,41(8):2493-2498.

[15] 刘丹.小麦主要器官三维可视化技术研究:以偃展4110为例[D].北京:中国农业科学院,2017.

[16] 刘丹,诸叶平,刘海龙,等.植物三维可视化研究进展[J].中国农业科技导报,2015,17(1):23-31.

[17] 胡春华,李萍萍.树木三维可视化建模技术研究述评[J].南京林业大学学报(自然科学版),2015,39(6):148-154.

[18] 赵凯,唐丽华,张姝婧.基于OpenGL的交互式三维树木建模与可视化研究[J].浙江农林大学学报,2019,36(1):138-147.

[19] BLASISE F, BARCZI J, JAEGER M, et al., Simulation of the growth of plants Modeling of metamorphosisand spatial interactions in the architecture and development of plants [M]. Japan:Cyberworlds Tokyo Springer-Verlag,1998:81.

[20] PRUSINKIEWICZ P, HANAN J, MECH R. An L-system-based plant modeling language [J]. Appl Graph Transform. Ind. Relevance, 2000, 1779: 258-261.

[21] LINTERMANN B, DEUSSEN O. Interactive modeling of plants [J]. IEEE Comp. Graphics Appl., 1999, 19 (1): 56-65.

[22] 陈刚, 陈斌, 林郁欣, 等. 基于L-系统的3D虚拟植物冠层光合作用模拟模型 [J]. 农业机械学报, 2018, 49 (10): 275-283.

[23] 唐丽玉, 韩伟, 林定, 等. 耦合黏虫胁迫的玉米生长可视化模拟 [J]. 农业工程学报, 2019, 35 (24): 191-198.

[24] 年飞翔. 籼、粳型水稻生长模拟模型及其应用研究 [D]. 武汉: 华中农业大学, 2017.

[25] DE REFFYE P EDELIN C, FRANGON J, JAEGER M, et al., Plants models faithful to botanical structure and development [J]. Computer Graphics, 1998, 22 (4): 151-158.

[26] DE REFFYE P BLAISE F, HOULLIER F. Modeling plant growth and architecture: some recent advances and application to agronomy and forestry [J]. Current Science, 1997, 73 (11): 984-992.

[27] BLASISE F BARCZI JF, JAEGER M, DINOARD P, et al., Simulation of the growth of plants Modeling of metamorphosis and spatial interactions in the architecture and development of plants [J]. Cyberworlds Tokyo Springer-Verlag, 1998, 22 (4): 81-109.

[28] 赵星, De Refye Philippe. 虚拟植物生长的双尺度自动机模型 [J]. 计算机学报, 2001, 24 (6): 608-615.

[29] DE REFFYE PH EDELIN C, FRANCON J, ET AL. Plant models faithful to botanical structure and development [J]. Computer Graphics, 1988, 22 (4): 151-158.

[30] GODIN C, CARGLIO Y. A multiscale model of plant topological structures [J]. Journal of Theoretical Biology, 1998, 191 (1): 1-46.

[31] QUAN L, TAN P, ZENG G, et al., Image-based plant modeling [J]. ACM Transactions on Graphics, 2006, 25 (3): 599-604.

[32] GROCHOLSKY B, NUSKE S, AASTED M, et al., A camera and lasersystem for automatic vine balance assessment [C]. Proceedings of American Society of Agricultural and BiologicalEngineers Annual International Meeting. USA, 2011, 86-97.

[33] 乔虹, 冯全, 张芮, 等. 基于时序图像跟踪的葡萄叶片病害动态监测 [J]. 农业工程学报, 2018, 34 (17): 167-175.

[34] TONY P. Active camera placement for 3D reconstruction of plant shoots [C]. 2017 全国植物表型组学研讨会摘要集, 2017, 40-41.

[35] LONGAY S, RUNIONS A, FRÉDÉRIC BOUDON, et al., TreeSketch: Interactive procedural modeling of trees on a tablet [C] // Eurographics Symposium on Sketch-based Interfaces & Modeling. 2012.

[36] 梁玉亮.基于图像的树木三维建模与树木参数提取[D].哈尔滨：东北林业大学，2019.

[37] 罗广宇.移动平台上基于单幅图片的树三维重建算法的设计与实现[D].咸阳：西北农林科技大学，2019.

[38] QUAN L. Image－based modeling [M]. Berlin：Springer Science & Business Media，2010：67-68.

[39] SANTOS T, UEDA J. Automatic 3D plant reconstruction from photographies, segmentation and classification of leaves and internodes using clustering [C] // Embrapa Informática Agropecuária Resumoemanais de congresso. In：international conference on functional-structural plant models，7. 2013.

[40] 温维亮，郭新宇，卢宪菊，等.玉米器官三维模板资源库构建[J].农业机械学报，2016，47（8）：266-272.

[41] 诸叶平，李世娟，于向鸿.玉米数字模拟器研究[J].中国农业科技导报，2007，9（6）：84-89.

[42] 鲁玉佳，张金区.基于PlantFactory的三维植物生长动画可视化研究[J].现代计算机，2019（15）：52-59.

[43] 刘颖.SpeedTree与OSG模型转换插件的研究与实现[D].北京：北京林业大学，2012.

[44] 李书钦.小麦生长模拟模型与三维可视化技术研究[D].北京：中国农业科学院，2017.

[45] 谈峰，汤亮，胡军成，等.小麦根系三维形态建模及可视化[J].应用生态学报，2011，22（1）：137-143.

[46] 雷晓俊,汤亮,张永会,等.小麦麦穗几何模型构建与可视化[J].农业工程学报,2011,27(3):179-184.

[47] FANG W, FENG H, YANG W, et al., High-throughput volumetric reconstruction for 3D wheat plant architecture studies[J]. Innovative Optical Health Sciences, 2016, 9(1):165-169.

[48] DUAN T, CHAPMAN S C, HOLLAND E, et al., Dynamic quantification of canopy structure to characterize early plant vigour in wheat genotypes[J]. Journal of Experimental Botany, 2016, 15:4523-4534.

[49] BURGESS A J, RETKUTE R, POUND M P, et al., High-resolution three-dimensional structural data quantify the impact of photoinhibition onlong-term carbon gain in wheat canopies in the field[J]. Plant Physiology, 2015, 169(2):1192-1204.

[50] 李书钦,刘海龙,诸叶平,等.基于实测数据和NURBS曲面的小麦叶片三维可视化[J].福建农业学报,2016,31(7):777-782.

[51] 王澍田.面向小麦可视化的沉浸式虚拟场景的研究与实现[D].郑州:河南农业大学,2019.

[52] 诸叶平,李世娟,李书钦.作物生长过程模拟模型与形态三维可视化关键技术研究[J].智慧农业,2019,1(1):53-66.

[53] 刘丹,诸叶平,李书钦,等.基于实测数据的小麦叶片模拟模型与三维重建[J].山东农业科学,2016,48(7):137-141.

[54] 孙晨阳. 小麦生长的三维可视化建模方法研究 [D]. 郑州：郑州大学, 2019.

[55] 谢崇瑾. Blender 三维软件在游戏场景概念设计中的应用研究 [D]. 成都：四川音乐学院, 2024.

[56] 贾佳. 四川"早播早熟型"小麦新品种（系）茎秆质量分析 [D]. 成都：四川农业大学, 2023.

[57] ZHENG C, WEN W, LU X, et al., Three-Dimensional Wheat modelling based on leaf morphological features and mesh deformation [J]. Agronomy, 2022, 12 (2)：414-415.

[58] 李书钦, 诸叶平, 刘海龙, 等. 基于 NURBS 曲面的小麦叶片三维可视化研究与实现 [J]. 中国农业科技导报, 2016, 18 (3)：89-95.

[59] MÖLLER T, E HAINES, N HOFIMAN. Real-time rendering [M]. USA：AK Peters Limited, 2008.

[60] XUE J, SUN C, CHENG J, et al., Wheat ear growth modeling based on a polygon [J]. Frontiers of Information Technology & Electronic Engineering, 2019, 20 (9)：1175-1185.

[61] 衣霞. 浅析可视化技术对小麦生长的影响 [J]. 山西农经, 2019 (2)：111.

[62] 许豪, 陈可. PyOpengGL 在三维图形动画中的应用 [J]. 自动化与仪器仪表, 2017 (2)：131-136.

[63] 国桂环, 曾睿, 张海霞. 应用 WebGL 构建富硒药用植物虚拟展示平台 [J]. 东北林业大学学报, 2023, 51 (7)：169-174.

[64] HASENFRATZ J M, MARC LAPIERRE, NICOLAS HOLZSCHUCH, et al., A Survey of real-time

soft shadows algorithms [J]. Computer Graphics Forum, 2003, 22 (4): 753-774.

[65] 宋伟国. 小麦生长可视化关键技术研究 [D]. 南京: 南京农业大学, 2014.

[66] 刘天桥. 基于 OpenGL 的天基预警雷达视景仿真方法研究 [D]. 西安: 西安电子科技大学, 2013.

第2章 基于目标检测的小麦麦穗计数

一、绪言

(一) 研究背景和意义

随着全球人口的持续增长和气候变化的加剧,粮食安全问题愈加严峻。小麦作为全球重要的粮食作物,其产量预测直接关系到食品供应的稳定性[1]。因此,小麦的精准产量预测对农业生产和资源管理具有重要意义[2]。然而,传统的小麦检测方法大多依赖人工操作或简单的图像处理技术,在复杂农场环境中面临着许多挑战[3]。特别是当背景复杂时,诸如光照变化、背景杂乱以及作物间相互遮挡等问题,使得传统方法难以有效应对,从而导致检测精度低、效率差。因此,如何在这些复杂背景和农场环境中实现对小麦的精准检测与计数,成为提升农业生产效率和精度的关键课题[4]。

随着计算机深度学习和计算机视觉技术的迅速发展,它们在农业自动化中的应用逐渐成为一种重要趋势。这些技术为作物监测提供了强大的数据处理能力,能够帮助实现作物的精准识别和计数。然而,小麦麦穗通常较小且分布密集,且在自然环境中经常受到光照变化、遮挡和背景杂乱的影响,这些因素导致传统的检测方法在农田中的应用效果受到限制[5],自动化检测技术能够显著提高作物检测的效率,并为农业生产提供更加科学的数据支持。

本书的主要目标是提升小麦在复杂背景农田环境中的目标检测与计数精度,以推动农业生产的智能化和精准化发展。研究旨在通过计算机深度学习技术,针对小麦麦穗的特点,优化现有的目标检测方法,以应对光照变化、背景杂乱及作物遮挡等复杂环境因素。通过改进特征提取网络、增强注意力机制以及优化损失函数等技术手段,本书力求提升作物检测的鲁棒性与精度。此外,结合静态图像与动态视频处理方法,还将探索如何进一步优化作物检测与计数方法,提高农业自动化水平。研究成果不仅为小麦的精准检测提供技术支持,还为其他作物的目标检测提供可借鉴的技术路径。

(二) 小麦检测研究现状

在目标检测技术的早期阶段,国内外的农业研究人员普遍使用传统的图像处理方法进行麦穗检测。这些方法通常需要人工提取麦穗的关键特征,并通过人工判断和计算来确定麦穗的数量[6]。这种基于人工的特征提取和计数过程不仅耗时费力,而且容易受到人为主观因素的影响,导致其在大规模农田环境中的应用效率和准确性有限。因此,传统方法在实际应用中面临着许多不便之处,需更为高效、自动化的检测技术来替代人工操作。范梦扬等[7]通过机器视觉技术提出了一种新的小麦麦穗计数方法,能够在大田环境中实现自动化、高精度的麦穗计数,有效提升了作物估产的准确性和效率。李毅念等[8]通过 CNN 模型,用于从小麦群体图像中自动识别并计数麦穗。通过训练这种模型识别和分析小麦田中的麦穗图像,实现精确的麦穗计数和产量预测。同时,Fernandez G 等[9]提出了一种利用计算机视觉技术进行穗数的自动化检测,具有较高的效率和实用性,然而缺点在于该方法对图像质量和环境因素较为敏感,可能会在不同的光照或天气条件下出现误差,在复杂的背景和重叠穗的情况可能会影响计数精度。Wang D 等[10]将全卷积网络与角点检测算法相结合,提出了一种适用于田间条件下小麦穗计数的方法,该方法在复杂背景下表现出色,平均准确率达到 97.4%,这项研究为小麦穗检测提供了新的思路和技术支持。王宇歌等[11]提出了一种基于 YOLOv3 的麦穗目标检测算法,旨在提高麦穗计数的自动化和准确性,算法可能存在对训练数据质量和数量的依赖,可能需要大量标注数据进行有效训练。此外,在复杂背景或不同光照条件下,检测算法的鲁棒性可能受到挑战。在自然农田环境中,鲍文霞等[12]提出一种基于 YOLO 对小麦麦穗进行目标检测与计数的方法,但模型数据集较小,模型的鲁棒性较差。Li R 等[13]提出一种基于注意力机制改进的 YOLOv5 小麦麦穗检测算法,通过引入注意力机制,该算法能更有效地关注小麦穗的关键特征,但是在复杂背景下检测效果较差。臧贺藏等[14]使用 YOLOv5 模型对淮南区域试验小麦进行麦穗检测,可以快速准确检测出小麦穗数,但没有对模型进行改进。李云等[15]提出一种基于 YOLOv5 的麦穗检测方法,对模型体积进行轻量化改进,但是检测精确度不如基线模型。杨蜀秦等[16]提出了一种改进的 YOLOX 算法,用于检测单位面积内的麦穗数量,但是在处理遮挡和高密度麦穗时的性能仍有待优化,且模型较大,实时性在资源受限的设备上可能会受到影响。Zhang D 等[17]提出了改进的旋转 YOLO 小麦检测网络,并结合简单的空间注意力机制,以提升小麦赤霉病的检测性能,模型在复杂背景下的适应性较差,可能影响检测精度。

对于小麦检测,现有的深度学习方法虽然在一定程度上克服了传统图像处理方法的局限性,但仍然无法完全解决一些关键问题[18]。首先,小麦的密集分布和目标遮挡依然是影响检测精度的主要因素。在实际农田中,小麦麦穗之间的重叠与遮挡会导致目标检测模型出现漏检或误检。尤其在麦穗分布密集或遮挡严重的区域，这一问题尤为突出。其次，许多小麦检测算法依赖于特定的数据集进行训练，这导致模型的泛化能力较差。因此，数据集的多样性和规模成为影响小麦检测技术广泛应用的一个重要瓶颈。

二、目标检测基础

计算机视觉作为人类视觉感知的扩展，是利用计算机从图像或视频中提取并"感知"相关信息的技术。随着卷积神经网络模型的不断优化和发展，基于 CNN 的目标检测算法也取得了显著进展[19]，如表 2-1 所示。基于卷积神经网络的目标检测方法大体可分为两种类型：候选区域的目标检测和基于回归的目标检测算法。前者通常依赖候选区域的生成，先提取潜在目标区域再进行分类与回归，因此也被称为候选框方法；而后者则直接从图像中进行目标定位与类别预测，属于回归式检测策略，具有更高的实时性。目标检测算法的流程如图 2-1 所示。

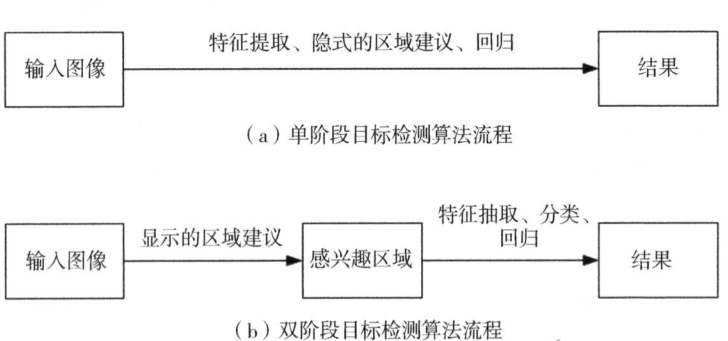

图 2-1　目标检测算法流程

表 2-1　经典目标检测算法及主流特征提取网络

年份	算法	特征提取网络	算法类别
2013	RCNN[20]	AlexNet	双阶段检测
2014	SPPNet[21]	ZF-5	双阶段检测
2014	Fast R-CNN[22]	VGG-16	双阶段检测
2015	Faster R-CNN[23]	ResNet-101	双阶段检测
2016	YOLO[24]	DarkNet-19	单阶段检测
2017	Retina Net[25]	ResNet-101	单阶段检测
2018	Mask R-CNN[26]	ResNet-101	双阶段检测
2018	YOLOv3[27]	DarkNet-53	单阶段检测
2020	YOLOv4[28]	DarkNet-53	单阶段检测
2020	YOLOv5	DarkNet-53	单阶段检测
2021	YOLOX[29]	DarkNet-53	单阶段检测
2022	YOLOv7[30]	RepVGG	单阶段检测
2023	YOLOv8	CSPDarkNet53	单阶段检测

（一）基于候选区域的目标检测算法

基于候选区域的目标检测算法即两阶段目标检测，在两阶段目标检测方法中，第一阶段的主要任务是初步筛选前景区域，即通过二分类将图像划分为前景与背景，并借助回归操作大致定位前景目标，即生成感兴趣区域（Region of Interest，ROI）。在第二阶段，模型从这些 ROI 中提取特征图，再进行更精细的分类与位置回归，以输出最终的检测结果。尽管这种分阶段处理方式能有效提升检测精度，但相应地也带来了计算成本高、推理速度慢等问题。

双阶段目标检测算法在检测效果上具有较高的准确性，但由于其复杂的计算流程，这类算法的运算速度较慢，且对算力的需求较大[31]。相比之下,单阶段目标检测算法因其高效的实时处理能力、简化的工作流程以及优秀的多尺度检测能力,成为许多实际应用场景的首选。这种算法不仅能快速处理大量数据,还能有效适应不同的应用需求,从而在实际部署中显示出较大的灵活性和效率。

(二) 基于回归的目标检测算法

基于回归的目标检测算法,通常被称为单阶段检测算法,其中最著名的代表包括 YOLO 系列和 SSD 系列。与双阶段算法不同,单阶段目标检测算法无须事先提取目标候选区域。这种算法直接对待检测图像的卷积特征进行处理,并在特征图上执行边界框回归,从而直接确定目标的位置和类别。

YOLO 检测算法是当前广泛应用的单阶段目标检测算法之一,因其训练速度快且准确度高,在多个领域得到了广泛的应用。这种算法属于端到端的目标检测模式,优化了检测流程,提高了效率。在操作过程中,由于输入图像尺寸通常较大,直接对其进行特征提取会面临计算负担重和处理效率低的问题。为解决这一挑战,YOLO 算法首先将输入图像的尺寸调整到一个预定的大小,然后将调整后的图像分割成多个相同尺寸的区域。每个区域独立作为输入,进行特征提取和目标检测。这种方法不仅简化了特征提取的过程,而且通过并行处理各个区域,大幅提升了检测速度。最后,算法将这些区域的检测结果进行整合,形成最终的检测输出。

YOLOv7 是 YOLO 系列的新一代架构,YOLOv7-tiny 是 YOLOv7 的简化版本,采用了级联模型缩放策略,并对高效长程聚合网络(ELAN)进行了优化。该优化不仅在保持较高检测精度的同时,大幅减少了模型参数,也提升了检测速度,特别适合实时检测任务。因此,研究中选择基于 YOLOv7-tiny 算法进行改进。YOLOv7-tiny 算法由四个主要模块组成:输入端、特征提取网络、特征融合网络和输出端，其结构如图 2-2 所示。

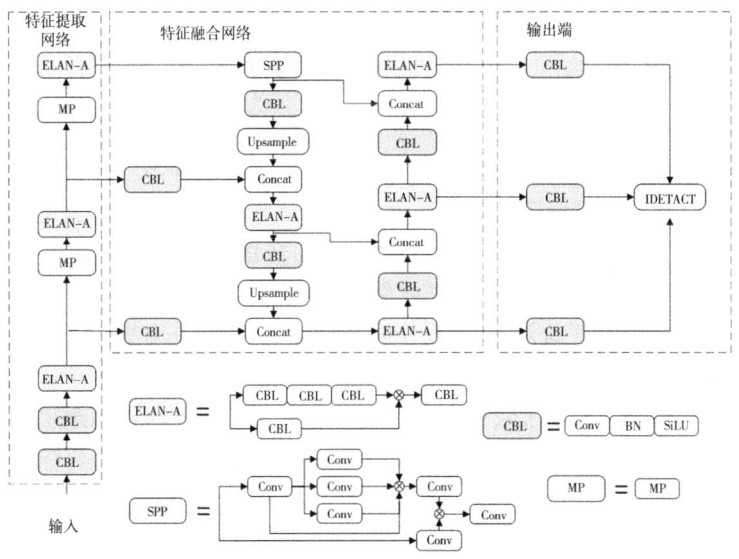

图 2-2 标准的 YOLOv7 模型结构

在输入阶段，模型采用 Mosaic 数据增强技术，将多张图像拼接为一幅大图用于训练，这不仅加快了训练速度，还有效降低了显存占用。同时，图像还会经过裁剪、缩放等预处理步骤，确保其尺寸统一，便于后续特征提取。特征提取部分由 CBL 卷积模块、改良版的 ELAN-A 结构以及 MP 卷积层构成。其中，ELAN-A 在继承 YOLOv7 核心结构的基础上，适当减少了特征计算块，以提升运算效率。在特征融合方面，YOLOv7-tiny 引入了类似 YOLOv5 的 PAFPN 架构，通过整合高层语义特征和底层定位信息，实现多尺度特征的高效融合。但在特征拼接时，对相邻层的重要特征关注不足，存在部分信息丢失的风险。最后，在输出阶段利用隐式表示策略对融合后的特征进行处理，从而提升目标检测的准确率和实用性。

三、目标跟踪基础

目标跟踪在计算机视觉领域占据了重要的研究地位，具有显著的实际应用和理论价值。其关键问题是从视频流或连续图像序列中自动识别并选择感兴趣的目标区域或物体，并在后续帧中对其进行跟踪。通过这种方式，可以准确捕捉目标的运动轨迹、形态变化和精确位置，为进一步的分析和应用提供支持[32]。目标跟踪技术在农业领域展现了广泛的应用前景，特别是在病虫害监测与防治方面，能够有效减少作物损害[33]。同时，该技术在农业机器人导航和作业中，显著提升了作业效率和精度，推动了农业向数字化、智能化转型。在目标跟踪模型中，单目标跟踪（Single Object Tracking, SOT）和多目标跟踪（Multiple Object Tracking, MOT）分别应对单一目标和多个目标的跟踪需求，适应不同的实际应用场景。SOT 技术如 Siamese Networks[34]和 KCF[35]专注于通过学习目标的特征来保持对单一目标的追踪，而 MOT 技术如 DeepSORT[36]、Bytetrack[37]和 BOTSORT[38]则解决了在视频中同时跟踪多个目标的复杂问题，并考虑目标间交互和遮挡。

（一）Bytetrack 模型

Bytetrack 是一种专为 MOT 任务设计的高效算法，它能够处理目标之间的遮挡与交叉，同时确保高精度的目标跟踪。该算法基于 YOLO 系列物体检测模型，通过关联检测到的目标，实现在视频序列中对同一目标的连续跟踪。Bytetrack 的核心优势在于其字节跟踪策略，这一策略通过最小化 ID 切换并有效处理目标遮挡，从而增强了跟踪的稳定性与准确性。

在农业应用中，尤其是对于作物的动态计数，Bytetrack 够在复杂的农田环境中实时地跟踪多个目标,无论它们是否部分被遮挡或在不同帧之间发生遮挡。这种方法非常适用于动态计数任务,因为它能够结合目标检测与多目标跟踪技术,准确地识别并追踪每一个目标,从而实现对作物的精确计数。

(二) BoTSORT 模型

BoTSORT 是对传统多目标跟踪算法的改进,同样适用于作物的动态计数任务。在作物的实时检测中,BoTSORT 通过结合目标的深度特征提取和目标关联技术,有效提高了在遮挡和目标交叉情况下的跟踪精度。同时,BoTSORT 显著减少了目标 ID 跳变的问题,从而提升了计数的稳定性与准确性。

BoTSORT 的核心思想基于深度特征嵌入,结合了卡尔曼滤波和逐帧数据关联。其操作流程如下:首先,提取每帧图像中的深度特征和位置信息;其次,通过基于外观和位置的匹配策略,进行目标关联,确保在作物发生遮挡或交叉时依然能够准确跟踪;再次,使用卡尔曼滤波和图像帧的历史信息预测目标在当前帧中的位置,从而提高跟踪精度;最后,利用非极大值抑制去除重复检测,确保每个检测的目标只被计算一次。BoTSORT 与目标检测网络紧密结合,在复杂农田环境中,能够实现高效的多目标追踪。通过动态计数与目标跟踪技术的结合,BoTSORT 为作物的精准计数提供了可靠支持,尤其在遮挡、目标交叉和环境干扰等情况下,能够保证计数结果的稳定性与准确性。

四、模型评价指标

在目标检测领域,评估指标扮演着至关重要的角色,它们不仅决定了模型性能的优劣,还为评估其在特定任务中的准确性提供了量化依据。以下列举了几个在目标检测任务中常用且至关重要的评估指标:

True positives（TP，真正）：预测为目标，且实际为目标，即正确检测到的目标。

True negatives（TN，真负）：预测为非目标，且实际为非目标，即正确识别为背景的区域。

False positives（FP，假正）：预测为目标，实际为非目标，即误检目标，通常称为假阳性。

False negatives（FN，假负）：预测为非目标，实际为目标，即漏检目标，通常称为假阴性。

精确率（Precision）：精确率是衡量模型所做的全部预测中有多少是正确的。它的计算方法是正确预测数与预测总数之比，计算方式如式（2-1）所示。

$$\text{Precision} = \frac{TP}{TP + FP} \quad (2-1)$$

召回率（Recall）：召回率是评估模型正确识别的目标数量与总目标数量之比的一个指标。它主要用于评价模型在尽可能多地捕捉到正类别实例方面的效能，特别是在对漏报十分敏感的应用中，召回率的重要性更加凸显。其计算公式如式（2-2）。

$$\text{Recall} = \frac{TP}{TP + FN} \quad (2-2)$$

FPS（Frames Per Second）：FPS是衡量目标检测模型在实时应用中处理速度的指标，表示每秒钟处理的图像帧数。FPS越高，说明模型的推理速度越快，能够在更短的时间内处理更多的图像帧，适用于实时或近实时的任务。在目标检测中，FPS通常用来评估模型在不同硬件平台（如CPU、GPU）上的执行效率。高FPS不仅能提升系统响应能力，还能提高整体处理效率，因此是衡量模型实用性的关键指标之一。

平均精度均值（mean Average Precision，mAP）是目标检

测中常用的性能评估指标,通过计算不同阈值下的平均精度(Average Precision,AP)并求其均值,来综合衡量模型在整个数据集上的表现。在多类别的情况下,mAP 是所有类别 AP 值的平均;而在单一目标类别时,AP 即为 mAP。此外,AP50 指的是 IoU 值为 0.5 时的 AP 值,而 AP50:95 则表示 IoU 值从 0.5 到 0.95(步长为 0.05)之间,计算各个 IoU 下的 AP 均值。公式如(2-3)至(2-4)所示:

$$AP = \sum_{i=1}^{n-1} (r_{i+1} - r_i) p(r_{i+1}) \qquad (2-3)$$

$$mAP = \frac{1}{m} \sum_{i=1}^{m} AP_i \qquad (2-4)$$

平均绝对误差(MAE)、平均绝对百分比误差(MAPE)、决定系数(R^2)和均方根误差(RMSE)是用于评估模型性能的常见指标。MAE 表示真实值与预测值之间的平均绝对差异;MAPE 越小,说明模型预测越精确;R^2 反映模型对数据的拟合优度;RMSE 则是预测值与真实值之间偏差平方均值的平方根,常用于衡量模型的整体误差。其中,m_i、$\overline{m_i}$、c_i 分别表示标注文件中第 i 张图像的实际计数,第 i 张图像的平均实际计数,第 i 张图像的预测计数,n 为测试图像的数量。公式如(2-5)至(2-8)所示:

$$MAE = \frac{1}{n} \sum_{i=1}^{n} |m_i - c_i| \qquad (2-5)$$

$$MAPE = \frac{1}{n} \sum_{i=1}^{n} \left| \frac{m_i - c_i}{m_i} \right| \times 100\% \qquad (2-6)$$

$$R^2 = 1 - \frac{\sum_{i=1}^{n} (m_i - c_i)^2}{\sum_{i=1}^{n} (m_i - \overline{m_i})^2} \qquad (2-7)$$

$$RMSE = \sqrt{\frac{\sum_{i=1}^{n}(m_i - c_i)^2}{n}} \qquad (2-8)$$

五、WHEAT-YOLO 模型的麦穗检测

(一) 麦穗数据集制作

1. 数据集获取与采集

(1) 自建数据集：实验数据来源于新疆省昌吉市大溪泉镇华兴农场，位于 87°29′E，44°22′N，属温带大陆性气候。在本书中，在一个小麦农场选择了 2~3 个恰当间隔的区域进行实地调查，并在每个区域内随机选择 3 个具有代表性的采样点进行图像采集。所用小麦品种为新冬 22，图像拍摄时间定于 2023 年 6—7 月，以每周一次的频率进行，确保涵盖小麦的整个成熟期。图 2-3 为该数据集中的图像示例。

图 2-3 农场小麦自制数据集

(2) 公开数据集：公开的全球小麦麦穗检测数据集[39]包括 4 700 张标记的 RGB 图像和约 190 000 个麦穗标注。这些图像来源于亚洲、欧洲、北美洲和大洋洲，涵盖了不同的品种、种植环境和气候条件，并采用了多种采集方法进行整理。因此，这个数据集展示了小麦在基因型和环境方面的多样性，有

助于提高麦穗检测与定位的准确性和可靠性。图2-4为该数据集的图像示例。

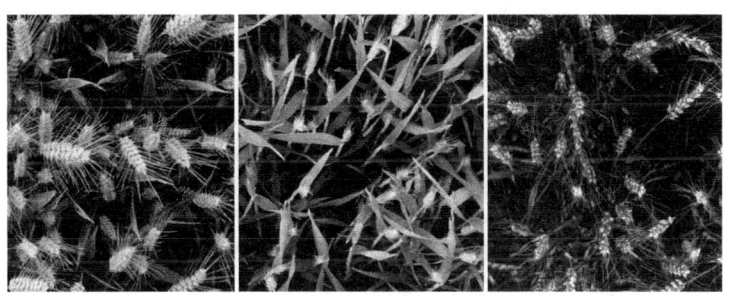

图2-4 全球小麦麦穗检测数据集

2. 数据集标注与划分

标注过程是实验中极为关键的一步，直接影响数据集的质量及最终实验结果。确保标注的准确性是验证模型能否正确学习小麦麦穗特征的重要因素。在本实验中，实验人员采用Labelimg工具[40]来对小麦麦穗进行精确标注，并统一使用"wheat"作为标注名称，以便于操作和结果展示。标注的过程展示在图2-5中。

小麦麦穗数据集是从公开数据集和自制的农场小麦数据集中收集的3 436张图像中筛选得到的，并按照8∶1∶1的比例分为训练集、验证集和测试集。训练集包含2 750张图像，验证集和测试集各包含343张图像。

(二) 麦穗检测模型改进

WHEAT-YOLO模型如图2-6所示。将主干网络替换为EfficientViT-M1模块，采用了一种更为高效的计算方法，提升检测精度[41]；采用CARAFE上采样替换特征金字塔网络中最近邻上采样改进后的模型[42]，增强了特征金字塔网络对图像

图 2-5　小麦数据集的麦穗数据标注

特征提取和融合的能力；在网络模型中添加 7 个 EMA 注意力机制模块[43]，通过跨空间学习，在多个通道和批次维度上嵌入模型，提高了模型的灵活性和轻量级特性。

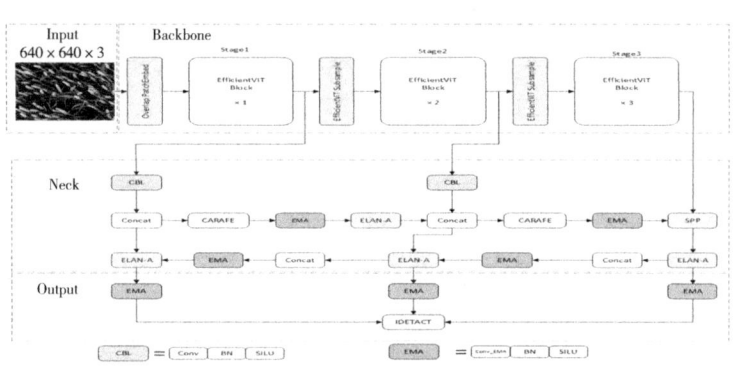

图 2-6　WHEAT-YOLO 麦穗检测模型结构

1. 主干特征提取网络

为了降低复杂农田环境中麦穗检测任务的模型复杂度，本书提出将 EfficientViT 替代 YOLOv7-Tiny 的主干网络（图 2-7）。YOLOv7 特征提取的复杂性增加了参数数量和计算需求。

相比之下，Vision Transformer（ViT）是一种成功将 Transformer 技术应用于计算机视觉的模型[44]。EfficientViT 作为一种高效的 ViT 模型，通过创新的模块设计和注意力机制改进，实现了内存与计算效率的优化，有效平衡了速度与准确性。通过采用 EfficientViT，可以减少模型的参数，提高检测速度，并节约计算资源。

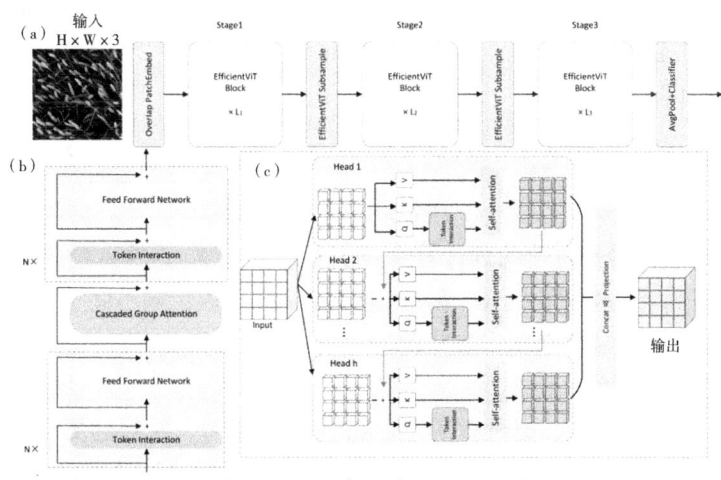

图 2-7　EfficientViT 模型结构

EfficientViT 包括三大核心模块：三明治布局模块、级联组注意力模块和参数重新分配模块。

（1）三明治布局模块：使用数量较少的内存密集型自注意力层 φ_i^A 和内存使用更高效的 FFN 层 φ_i^F 进行信道通信。此布局中特别引入了一个针对空间混合设计的自注意力层，优化了对空间信息的处理，以提高整体的计算效率和性能。如公式（2-9）所示：

$$X_i = \prod_{}^{n} \varphi_i^F \left[\varphi_i^A \left(\prod_{}^{n} \varphi_i^F (X_i) \right) \right] \qquad (2-9)$$

其中，X_i 是第 i 个块的完整输入特征。块在单个自注意层之前和之后将 X_i 变换为 X_{i+1}。通过减少自注意层的数量来降低模型的存储和时间开销，同时增加了 FFN 层的使用，以促进不同特征通道间的有效交流。

（2）级联组注意力模块：解决了多头自注意力中头部冗余的问题，这种冗余通常导致计算效率低。通过为每个注意力头提供特征的不同切片，级联组注意力明确地区分了各头部间的注意力计算，从而提升了处理效率。如公式（2-10）至公式（2-11）所示：

$$\widetilde{X}_{ij} = Attn(X_{ij} W_{ij}^Q,\ X_{ij} W_{ij}^K,\ X_{ij} W_{ij}^V) \tag{2-10}$$

$$\widetilde{X}_{i+1} = Concat\ [\widetilde{X}_{ij}]_{j=1:\ h}\ W_i^p \tag{2-11}$$

其中，第 j 个头部计算 X_{ij} 的自注意力，X_{ij} 是输入特征 X_i 的第 j 个分割。W_{ij}^Q，W_{ij}^K 和 W_{ij}^V 是将输入特征映射到不同子空间的投影层，W_i^p 则是将级联的输出特征映射回与输入一致维度的线性层。

图 2-7 中，通过激活 Q、K、V 层的学习，特征的更丰富信息投影可以提升其处理能力。级联组注意力通过级联的方式计算每个头部的注意力图，每个头部的输出会被添加到后续头部，从而逐步提炼和细化特征表示，如公式（2-12）所示：

$$X'_{ij} = X_{ij} + \widetilde{X}_{i(j-1)},\ 1 < j \leqslant h \tag{2-12}$$

其中，X_{ij}' 是第 j 个输入 X_{ij} 与第 $(j-1)$ 个输出 $\widetilde{X}_{i(j-1)}$ 的和。在计算自注意力时，X_{ij}' 替代 X_{ij} 作为第 j 个头部的新输入特征。此外，Q 投影后应用交互层，自注意力能同时捕获局部和全局关系，增强特征表示。

（3）参数重新分配：EfficientViT 通过扩增关键模块的信道宽度并减少非关键模块的宽度来优化参数分配。Q 和 K 的投影维度减小，V 的投影维度与输入保持一致，FFN 的扩展比从 4 降到 2，简化计算同时避免信息损失。

在 EfficientViT 中，采用了三种策略来提升内存和参数效率，并增强模型性能。首先，模型在高效的前馈神经网络层之间引入了单个内存绑定的多头自注意力机制，这不仅提高了内存效率，还加强了信道之间的通信。其次，为了减少不同注意力头之间的高相似性所带来的计算冗余，级联组注意力模块通过多种方式对全特征进行分割，并将其馈送到各个注意力头。这样不仅节约了计算资源，还增加了特征的多样性。最后，采用结构化剪枝技术重新分配了模型的参数，优先为关键网络组件分配更多参数，从而有效提高了整体的参数效率。这些策略共同优化了模型的计算负担，并显著提升了性能。

EfficientViT 模型通过六个不同的宽度和深度尺度构建了 M0-M5 六个阶段，并为每个阶段配置了不同数量的注意力头部，见表 2-2。在处理高分辨率图像时，由于前期阶段的计算开销较大，因此模型在早期阶段使用的计算块较少，而在后期阶段则增加计算块的数量，以此来平衡计算效率与性能表现。其中，C_i、L_i 和 H_i 是指第 i 阶段头部的宽度、深度和数量。

表 2-2　EfficientViT 模型变体的架构细节

模型	$\{C_1, C_2, C_3\}$	$\{L_1, L_2, L_3\}$	$\{H_1, H_2, H_3\}$
EfficientViT-M0	{64, 128, 192}	{1, 2, 3}	{4, 4, 4}
EfficientViT M1	{128, 144, 192}	{1, 2, 3}	{2, 3, 3}
EfficientViT-M2	{128, 192, 224}	{1, 2, 3}	{4, 3, 2}
EfficientViT-M3	{128, 240, 320}	{1, 2, 3}	{4, 3, 4}
EfficientViT-M4	{128, 256, 384}	{1, 2, 3}	{4, 4, 4}
EfficientViT-M5	{192, 288, 384}	{1, 3, 4}	{3, 3, 4}

2. 引入上采样算子CARAFE

在卷积网络架构中，对特征进行上采样是一种关键操作。为了提升麦穗检测的性能，引入了具有更广感知野的轻量级上采样算子CARAFE，该算子能够有效地利用特征图的语义内容，从而增强了低分辨率特征图经过CARAFE上采样与高分辨率特征图的融合，提高了麦穗的检测精度。在麦穗检测任务中，精细的特征融合尤为重要，CARAFE能够在增强特征表达能力的同时，避免引入过多的参数和计算量。通过替代卷积网络中所有层的最近邻插值上采样，CARAFE提升了特征金字塔网络的性能，改进了麦穗检测的准确性和鲁棒性（图2-8）。

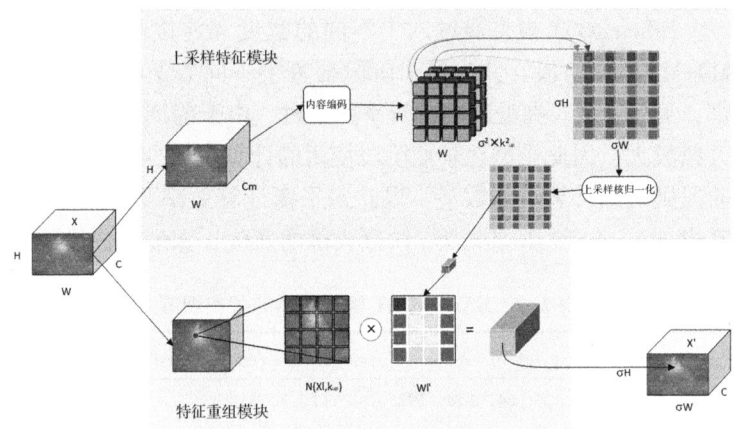

图2-8 CARAFE上采样算子结构

如图2-8所示，上采样倍率δ，输入特征图是$H \times W \times C$。通过上采样核预测模块预测上采样核，然后利用特征重组模块完成上采样过程，最终生成具有$\delta H \times \delta W \times C$形状的输出特征图。在上采样预测模块中，为减少计算负荷，首先通过1×1

卷积将形状为 $H \times W \times C$ 的特征图的通道数进行压缩，然后将其内容压缩成 $H \times W \times C_m$ 形状，使用 $K_{encode} \times K_{encode}$ 卷积层预测上采样核，输入通道数是 C_m，输出是 $\delta^2 K_{up}^2$ 的上采样核归一化运算，使得上采样核加权和为 1。在特征重组模块中，对输出特征图的每个位置，将其映射回输入特征图并选取以该点为中心的大小为 $K_{up} \times K_{up}$ 的区域。然后利用对应位置的上采样核通过点积操作预测输出值。不同的信道在相同位置使用相同的上采样核，从而生成最终的具有 $\delta H \times \delta W \times C$ 形状的输出特征图。通过增大参数 K_{encode}，可以扩大感受野的范围，从而利用更广泛的上下文信息；而增大参数 K_{up}，则能更充分地挖掘特征图中的语义信息。实验中选择了 $K_{encode} = 3$ 和 $K_{up} = 5$。通过将特征金字塔网络中的传统最近邻上采样替换为 CARAFE 上采样，改进后的 WHEAT-YOLO 模型在召回率、准确率和检测精度等指标上均取得了显著提升。这一替换增强了特征金字塔网络在图像特征提取与融合方面的能力。

3. EMA 注意力机制

在处理包含麦穗的图像时，往往会遇到复杂的农田背景，并且小麦在图像中非常密集，出现较多的遮挡现象。为应对这一挑战，EMA 模块采用了一种创新的坐标注意力机制。这种机制通过在通道注意力中嵌入位置信息，将注意力聚焦于沿不同方向的一维特征聚合。在水平方向，EMA 模块保留了精确的位置信息，而在垂直方向，则能捕获更长距离的依赖性。此外，该模块还引入了一个 3×3 卷积核的并行分支，用于聚合多尺度的空间结构信息。这些功能的结合不仅增强了模型对长期和短期依赖关系的捕获能力，也显著提升了对目标物体——如麦穗的识别和表征能力。WHEAT-YOLO 加入了 EMA 注意力机制，选择出有效位置，将其加入到网络模型中进行特征融合，使模型更加精准地定位和识别目标。EMA 注意力机制的这种结构设计，使得在繁杂背景中的麦穗检测更加准确和有效，EMA 注意力机制模块结构如图 2-9 所示。

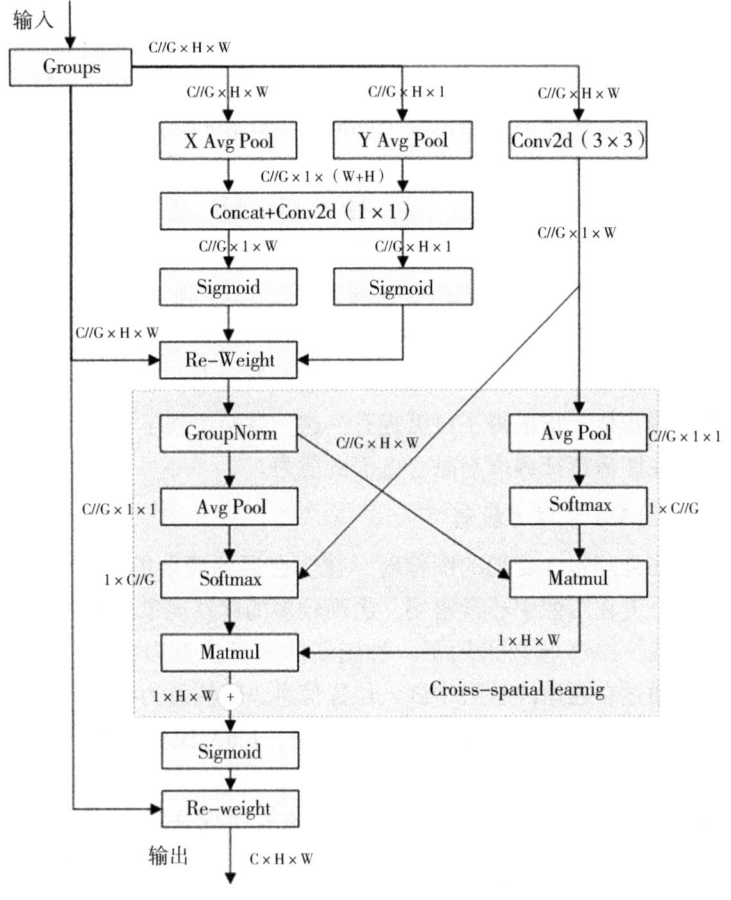

图 2-9 EMA 注意力机制结构图

（三）实验结果与分析

1. 实验环境

本实验时间为 2023 年 7—9 月，实验环境配置如下：CPU 采用 AMD EPYC 7642 48 核处理器，GPU 为 NVIDIA GeForce RTX 3090，具有 24GB 显存。操作系统为 Ubuntu 20.04。实验中使用的软件包括 Pytorch 版本 1.11.0，编程语言为 Python 3.8.0，CUDA 版本为 11.3。所有训练的超参数设置详见表 2-3。

表 2-3 麦穗检测训练超参数设置

优化器	学习率	动量	权重衰减系数	迭代次数
Adam	0.01	0.937	0.0005	150

2. 模块对比分析实验

为了评估 WHEAT-YOLO 模型算法的有效性和可行性，设计了一系列横向对比实验，重点比较在保持原始模型结构的基础上，不同改进措施在相同位置的影响。这些实验均采用 YOLOv7-tiny 模型作为基准，通过在特定模块引入变更来观察其对模型性能的影响。实验过程中，所有模型变体均经过 150 次迭代的训练，以确保模型的收敛来评估模型的效果。

（1）主干网络的对比分析：为了展示本书中 EfficientViT-M1 模型的优势，将原始的 YOLOv7-tiny 的主干网络更换为不同的主干网络进行比较。这些网络包括：ResNet、EfficientFormerv2、EfficientViT-M0、EfficientViT-M2、EfficientViT-M3、EfficientViT-M4 及 EfficientViT-M5。通过对比实验结果，可以观察到 EfficientViT 系列作为主干网络，在精确度上相较于其他网络表现更为出色，参数量和计算量较小。尤其是 EfficientViT-M1，在这次实验中显示了最适合的性能指标，证明了其作为主干网络的适用性和优越性,结果如表2-4所示。

表2-4 不同主干网络对比分析

算法	AP50	参数量	计算量	模型大小
ResNet	92.9	14.7M	35.7GFLOPs	29.7MB
Efficientformerv2	92.4	6.62M	12.4GFLOPs	44.5MB
EfficientViT-M0	92.9	5.52M	10.1GFLOPs	11.8MB
EfficientViT-M1	93.5	6.16M	14.8GFLOPs	13.0MB
EfficientViT-M2	93.4	7.35M	16.9GFLOPs	15.4MB
EfficientViT-M3	92.5	10.0M	20.6GFLOPs	20.8MB
EfficientViT-M4	93.5	11.9M	22.7GFLOPs	24.6MB
EfficientViT-M5	93.0	15.6M	35.2GFLOPs	35.2MB

(2)注意力机制的对比分析:为了验证跨空间学习的高效多尺度注意力机制的有效性,将该注意力机制与其他主流注意力机制做对比,具体实验方法是在相同的位置插入这些主流注意力机制,主流注意力机制包括:SimAM[45]、SE[46]、CoT[47]、SK[48]EMA。根据表2-5的数据显示,加入SimAM和SE注意力机制后,模型的AP50值均出现了下降。而采用CoT注意力机制时,AP50的提升仅为0.1%,效果并不显著。引入SK注意力机制能使AP50提高0.8%,但这同时也大幅增加了模型的参数量、计算量以及总体大小。相比之下,加入EMA注意力机制后,模型的参数量和计算量只有轻微的增加,而AP50却提高了1.1%,显示出比其他主流注意力机制更优异的性能。EMA注意力机制通过在增加极少的额外负担的情况下,有效提升了多尺度图像处理的效率和精确性,更有效地捕捉了特征间的相互关系,从而提升了检测精度。图2-10中的热力图也明显表示,加入EMA注意力机制后的检测效果明

显超过了其他注意力机制。

表 2-5 麦穗检测注意力机制的对比分析

算法	AP50	参数量	计算量	模型大小
原模型	91.1	6.01M	13.2GFLOPs	12.3MB
+SimAM	90.8	6.01M	13.2GFLOPs	12.3MB
+SE	90.9	6.06M	13.2GFLOPs	12.4MB
+CoT	91.2	9.40M	19.9GFLOPs	19.1MB
+SK	92.0	38.5M	77.1GFLOPs	77.5MB
+EMA	92.2	6.07M	14.1GFLOPs	12.4MB

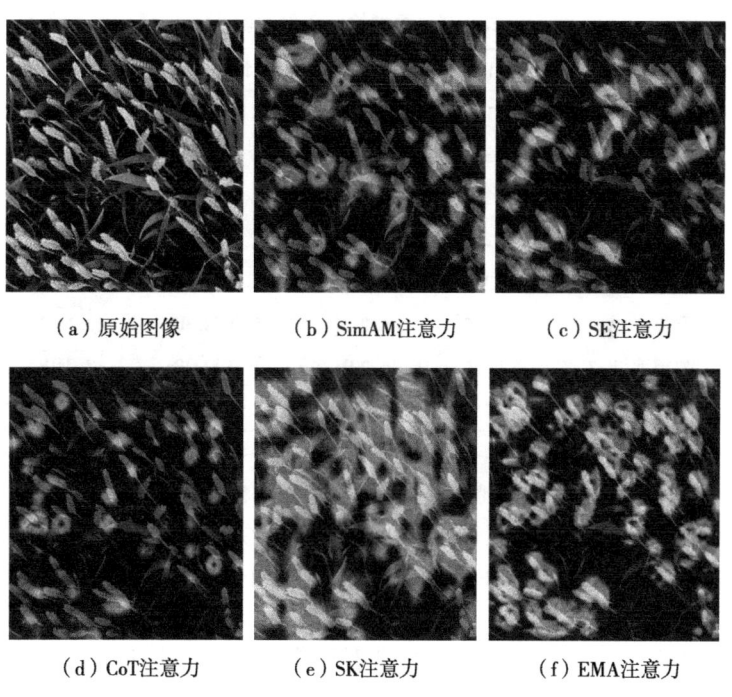

(a) 原始图像　　(b) SimAM注意力　　(c) SE注意力

(d) CoT注意力　　(e) SK注意力　　(f) EMA注意力

图 2-10 不同注意力机制的热力对比图

3. 消融实验

为验证本研究提出的 WHEAT-YOLO 中各项改进措施的有效性,设计了一系列消融实验进行对比分析。以 YOLOv7-tiny 作为基线模型,实验 A 使用了 EfficientViT-M1 网络作为新的骨干网络,实验 B 替换了特征融合网络中的轻量化上采样算子为 CARAFE,实验 C 则加入了 EMA 注意力机制。从表 2-6 中的结果可以看出,消融实验表明,这 7 项改进均显著提升了模型的性能,本研究提出的 WHEAT-YOLO 检测算法在检测性能上表现出更为优越的效果。

表 2-6 麦穗检测消融实验

算法	AP50	参数量	计算量	模型大小
原模型	91.1	6.01M	13.2GFLOPs	12.3MB
原模型+A	93.5	6.16M	14.8GFLOPs	13.0MB
原模型+B	93.0	6.13M	13.3GFLOPs	12.6MB
原模型+C	92.2	6.07M	14.1GFLOPs	12.4MB
原模型+A+B	93.6	6.28M	15.0GFLOPs	13.3MB
原模型+A+C	93.5	6.21M	15.7GFLOPs	13.1MB
原模型+B+C	93.6	6.20M	14.3GFLOPs	12.7MB
原模型+A+B+C	94.0	6.34M	16.0GFLOPs	13.4MB

R 曲线直观地反映了精度率与召回率之间的权衡关系。从图 2-11 中可以看出,所有实验的曲线下方所围成的面积均超过 90%,表明模型在精度和召回率之间的表现都非常优秀。实验 A 通过引入 EfficientViT-M1 网络作为新的骨干网络,在保持高精度的同时有效提高了召回率;实验 B 通过采用 CARAFE 轻量化上采样算子优化了特征融合过程,使得模型在细节捕捉上表现更加精准;实验 C 则通过引入 EMA 注意力机

制,进一步加强了模型在处理复杂场景时的鲁棒性。总体来看,上述创新方法均在不同方面提升了模型的检测效果,验证了其有效性。

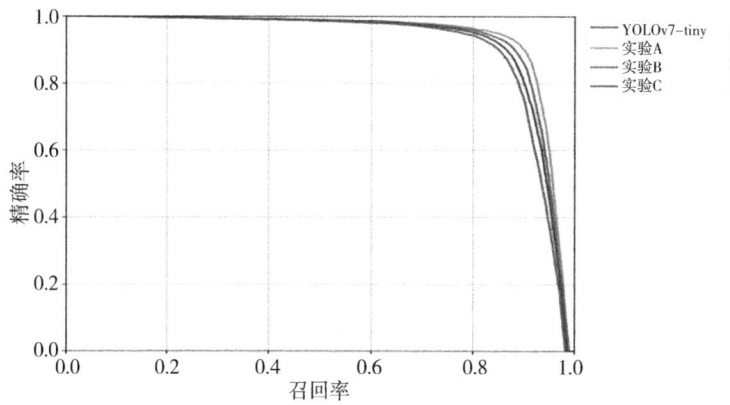

图 2-11 精确率与召回率对比图

4. 系列模型对比分析

为了深入评估改进模型的性能,将改进后的 WHEAT-YOLO 算法与其它主流的几种 YOLO 系列模型进行了详细比较,具体的对比结果见表 2-7。从结果分析来看,YOLOv3-tiny 的 AP50 为 88.7%,模型体积为 17.5MB,这显著低于 WHEAT-YOLO 模型。YOLOv5s 的 AP50 为 89.1%,计算量为 7.02M。YOLOv7-tiny 在 AP50 的表现为 91.1%,相对较好。WHEAT-YOLO 模型在 AP50 上提高到了 94.0%,且模型的复杂度几乎未增,这表明了其显著的性能提升。虽然 YOLOv7 的 AP50 值达到 94.2%,与 WHEAT-YOLO 模型相当,但其模型大小高达 71.3MB。相比之下,YOLOv8s 的表现也不错,但其模型的复杂度依然显著高于 WHEAT-YOLO 模型。

表 2-7 麦穗检测系列模型对比实验

算法	AP50	参数量	计算量	模型大小
YOLOv3-tiny	88.7	8.68M	12.9GFLOPs	17.5MB
YOLOv5s	89.1	7.02M	15.8GFLOPs	14.5MB
YOLOv6n	92.6	4.50M	11.4GFLOPs	8.3MB
YOLOv7	94.2	36.5M	103.2GFLOPs	71.3MB
YOLOv7-tiny	91.1	6.01M	13.2GFLOPs	12.3MB
YOLOv8s	93.8	11.2M	28.6GFLOPs	22.5MB
WHEAT-YOLO	94.0	6.34M	16.0GFLOPs	13.4MB

对小麦麦穗的目标检测进行了一项比较分析，使用了标准的 YOLOv7-tiny 模型和 WHEAT-YOLO 模型。实验结果展示在图 2-12 中，其中图（a）和（c）为 YOLOv7-tiny 的检测效果，图（b）和（d）则展示了 WHEAT-YOLO 模型的检测效果。通过比较图（a）和（b），可以观察到在标记区域内实际存在两个麦穗，而 YOLOv7-tiny 错误地标记了三个麦穗，表明该模型有误检问题。同样，从图（c）和（d）的对比中可以看出，在标记区域内存在两个麦穗时，YOLOv7-tiny 只检测出了一个，显示了漏检的问题。相较之下，在 WHEAT-YOLO 模型的测试中，这些漏检和误检问题得到了显著改善，表明改进后的模型在准确性和可靠性方面的提升。这一结果验证了 WHEAT-YOLO 模型在实际应用中小麦麦穗检测的有效性和精确度更高。

六、麦穗的计数

麦穗的计数是农业生产中一个重要的环节，对于产量预测和作物生长状况的评估至关重要。计数主要通过分析单张图像中的目标进行计数，适用于静态拍摄场景。在小麦计数测试

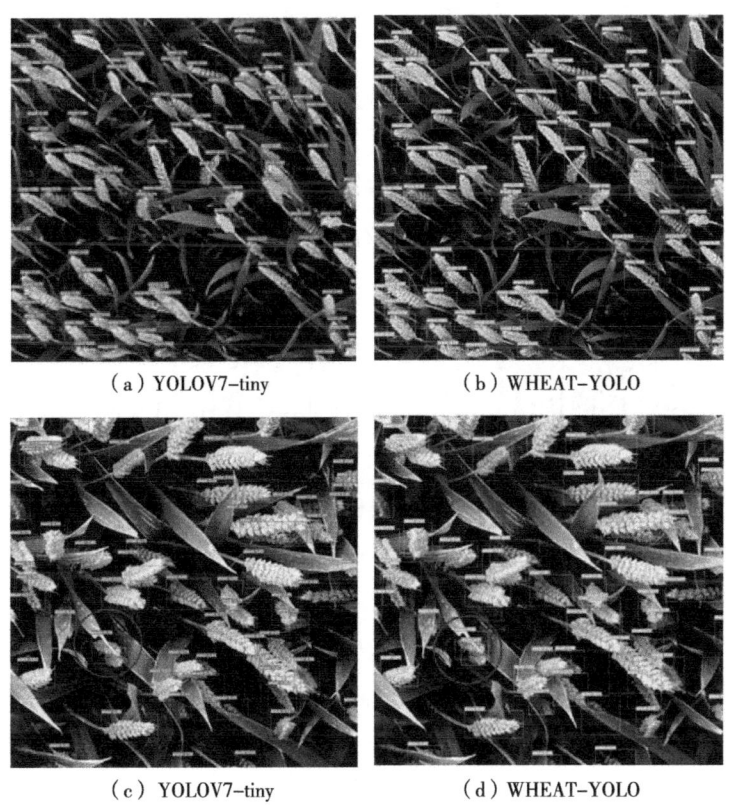

(a) YOLOV7-tiny　　　　　(b) WHEAT-YOLO

(c) YOLOV7-tiny　　　　　(d) WHEAT-YOLO

图 2-12　麦穗检测效果对比图

中,从测试集随机选择了 100 张小麦图像,分别使用 YOLOv7 和改进后的模型进行了目标检测。

实验结果显示,改进后的模型在麦穗检测的性能上取得了显著提升。WHEAT-YOLO 模型在精度、误差控制和数据拟合能力方面均优于 YOLOv7,进一步证明了其在小麦麦穗检测中的有效性,实验结果见表 2-8。

表 2-8　麦穗计数实验对比

算法	RMSE	MAE	MAPE	R^2
YOLOv7	4.4822	3.710	11.77%	0.957
WHEAT-YOLO	3.2404	2.660	9.75%	0.977

图 2-13（a）展示了实际标注数与 YOLOv7、WHEAT-YOLO 检测麦穗数目之间的比较。

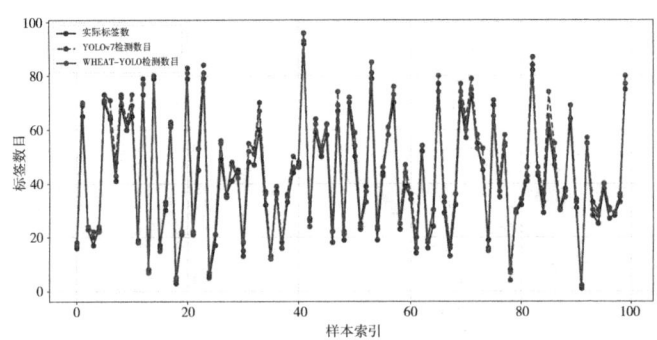

（a）实际标签数与检测数目比较

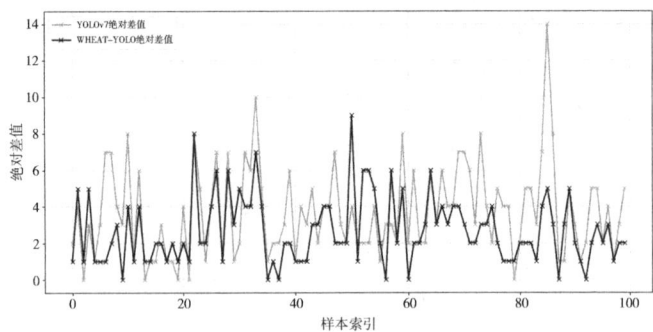

（b）实际值与检测值之间绝对误差的比较

图 2-13　麦穗静态计数实验对比

七、系统升级与功能展示

（一）系统设计

在传统的目标检测算法中，用户通常需要通过后台代码操作，将检测结果保存后再进行查看，这种方式不仅浪费时间和资源，还影响了检测结果的即时反馈与分析。为了优化这一过程，减少检测图像时所需的时间和精力，同时提高用户对检测效果的直观感受，设计并实现了一种农场作物目标检测系统。该系统结合了现代目标检测算法与 Python 开发技术，通过图形用户界面（GUI）直观地展示检测结果，使得用户可以实时查看、分析并优化检测效果。

为了满足不同场景下的应用需求，本系统设计了多个功能模块，具有较强的适应性与灵活性，设计了不同的功能模块并提供主观的操作体验，系统框架图如图 2-14 所示，具体包括以下几个主要功能：

（1）模型选择与初始化：系统支持根据实际应用需求选择不同的训练权重，具备高度的泛化能力，能够适应各种作物目标检测任务。

（2）数据后处理：用户可通过调整检测中的置信度（Confidence）和交并比（IoU）等参数，对检测结果进行进一步优化，以提高检测精度，减少误检或漏检的情况。

（3）数据导入与导出：系统支持两种主要的数据输入形式——图片和视频流。用户可以选择单张图片进行检测，也可以批量导入文件夹中的图片进行处理。

（4）实时检测：系统内置摄像头实时检测模块，通过该模块，用户可以实时监控农田中的作物状态，实现动态目标检测和管理，为农场生产提供即时的数据支持。

（5）结果展示与分析：检测结果通过图形化界面呈现，

系统不仅展示目标检测的精确度，还提供数据可视化功能，帮助用户直观地了解检测效果，及时识别潜在问题，并进行改进。

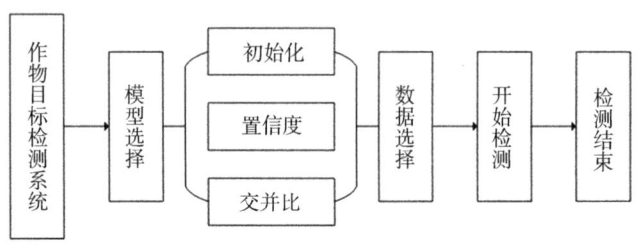

图 2-14　系统框架图

（二）功能设计

作物检测系统完成了图像上传、目标检测、结果显示等核心功能模块。图像上传功能通过 PySide6 提供的文件选择对话框实现，允许用户选择并加载动态视频或者图像文件。目标检测部分则依赖于经过训练的 YOLO 模型，用于执行图像中的目标检测任务。检测结果的显示通过 PySide6 的图形组件和事件处理机制实现。而保存功能则借助 Pillow（PIL）库来处理图像保存，确保用户可以保存经过编辑后的图像文件。程序在检测过程之前，支持动态切换不同的模型和调整相关超参数，包括 IoU、置信度、延迟时间（Delay Time）和线条厚度（Line Thickness）等，基于动态调整后的模型，研究人员可以在操作当前数据集的过程中，实时获取模型反馈。

（1）文件上传：用户可以通过上传图像或者动态视频，该功能支持各种常见的图像格式和视频格式，确保用户可以无缝地将本地图像文件导入系统进行后续处理，其功能如图 2-15 所示。

（2）作物目标检测：系统利用预训练的 YOLO 模型进行

图 2-15 作物检测系统文件上传

图像中目标的检测,检测完成后,结果通过 PySide6 的图形组件展示给用户,其检测结果如图 2-16 所示。

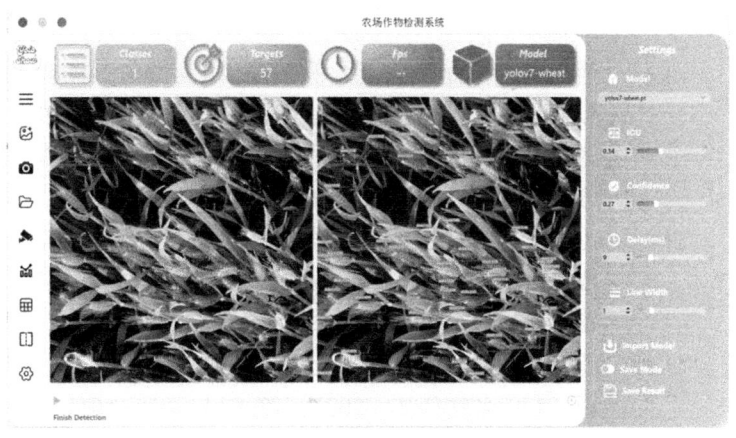

图 2-16 作物检测系统结果展示

通过灵活的模型选择与初始化、数据后处理、实时检测、结果展示与分析等模块,系统不仅优化了作物检测的精度与效率,还提升了用户的操作体验。实时目标检测与视频流分析的支持,使得该系统在农田环境中具有广泛的应用前景。同时,系统提供了便捷的结果导出与保存功能,方便用户管理和利用检测数据。

针对传统方法面临的挑战,如光照变化、遮挡及背景杂乱等问题,本研究通过引入 EfficientViT 主干网络和 CARAFE 上采样算子,提升了特征提取能力和多尺度特征融合效果。实验结果表明,WHEAT-YOLO 模型在小麦麦穗检测中,准确率明显提高,特别是在光照变化和目标遮挡的情况下,相较于传统方法,检测精度和效率都有了显著提升。

参考文献

[1] 朱晶,臧星月,李天祥. 新发展格局下中国粮食安全风险及其防范 [J]. 中国农村经济,2021(9):2-21.

[2] 李远斌,卜祥峰,丁云鸿,等. 小麦产量预测模型综述 [J]. 智慧农业导刊,2023,3(5):13-19.

[3] 刘文静,范永胜,董彦琪,等. 我国棉花生产现状分析及建议 [J]. 中国种业,2022(1):21-25.

[4] 岳学军,宋庆奎,李智庆,等. 田间作物信息监测技术的研究现状与展望 [J]. 华南农业大学学报,2023,44(1):43-56.

[5] 郭宏杰,马德新. 计算机视觉技术在农业领域的应用 [J]. 乡村科技,2021,12(14):12-16.

[6] 刘志军. 基于单阶段算法的麦穗检测研究与应用 [D]. 南昌:江西理工大学,2024.

[7] 范梦扬,马钦,刘峻明,等. 基于机器视觉的大田环境小麦麦穗计数方法 [J]. 农业机械学报,

2015, 46 (S1): 234-239.

[8] 李毅念, 杜世伟, 姚敏, 等. 基于小麦群体图像的田间麦穗计数及产量预测方法 [J]. 农业工程学报, 2018, 34 (21): 185-194.

[9] FERNANDEZ GALLEGO J A, KEFAUVER S C, GUTIÉRREZ N A, et al., Wheat ear counting in-field conditions: high throughput and low-cost approach using RGB images [J]. Plant methods, 2018, 14: 1-12.

[10] WANG D, FU Y, YANG G, et al., Combined use of FCN and Harris corner detection for counting wheat ears in field conditions [J]. IEEE Access, 2019, 7: 178930-178941.

[11] 王宇歌, 张涌, 黄林雄, 等. 基于卷积神经网络的麦穗目标检测算法研究 [J]. 软件工程, 2021, 24 (8): 6-10.

[12] 鲍文霞, 谢文杰, 胡根生, 等. 基于TPH-YOLO的无人机图像麦穗计数方法 [J]. 农业工程学报, 2023, 39 (1): 155-161.

[13] LI R, WU Y. Improved YOLO v5 wheat ear detection algorithm based on attention mechanism [J]. electronics, 2022, 11 (11): 1673.

[14] 臧贺藏, 赵晴, 周萌, 等. 基于YOLOv5s模型的小麦品种 (系) 穗数检测 [J]. 山东农业科学, 2022, 54 (11): 150-157.

[15] 李云, 邱述金, 赵华民, 等. 基于轻量化YoloV5的谷穗实时检测方法 [J]. 江苏农业科学, 2023, 51 (6): 168-177.

[16] 杨蜀秦, 王帅, 王鹏飞, 等. 改进YOLOX检测单位面积麦穗[J]. 农业工程学报, 2022, 38(15): 143-149.

[17] ZHANG D Y, LUO H S, CHENG T, et al., Enhancing wheat Fusarium head blight detection using rotation Yolo wheat detection network and simple spatial attention network [J]. Computers and Electronics in Agriculture, 2023, 211: 107968.

[18] 李赞鹏. 麦穗精准检测计数方法研究与试验[D]. 泰安: 山东农业大学, 2024.

[19] 方路平, 何杭江, 周国民. 目标检测算法研究综述[J]. 计算机工程与应用, 2018, 54 (13): 11-18, 33.

[20] GIRSHICK R, DONAHUE J, DARRELL T, et al., Rich feature hierarchies for accurate object detection and semantic segmentation [C] //Proceedings of the IEEE conference on computer vision and pattern recognition. 2014: 580-587.

[21] HE K, ZHANG X, REN S, et al., Spatial pyramid pooling in deep convolutional networks for visual recognition [J]. IEEE transactions on pattern analysis and machine intelligence, 2015, 37 (9): 1904-1916.

[22] GIRSHICK R. Fast r-cnn [C] //Proceedings of the IEEE international conference on computer vision. 2015: 1440-1448.

[23] REN S, HE K, GIRSHICK R, et al., Faster r-cnn: Towards real-time object detection with region proposal

networks [J]. Advances in neural information processing systems, 2015, 28.

[24] REDMON J, DIVVALA S, GIRSHICK R, et al., You only look once: Unified, real-time object detection [C] //Proceedings of the IEEE conference on computer vision and pattern recognition. 2016: 779-788.

[25] LIN T Y, GOYAL P, GIRSHICK R, et al., Focal loss for dense object detection [C] //Proceedings of the IEEE international conference on computer vision. 2017: 2980-2988.

[26] HE K, GKIOXARI G, DOLLÁR P, et al., Mask r-cnn [C] //Proceedings of the IEEE international conference on computer vision. 2017: 2961-2969.

[27] REDMON J, FARHADI A. Yolov3: An incremental improvement [J]. arXiv preprint arXiv: 1804.02767, 2018.

[28] BOCHKOVSKIY A, WANG C Y, LIAO H Y M. Yolov4: Optimal speed and accuracy of object detection [J]. arXiv preprint arXiv: 2004.10934, 2020.

[29] GE Z, LIU S, WANG F, et al., Yolox: Exceeding yolo series in 2021 [J]. arXiv preprint arXiv: 2107.08430, 2021.

[30] WANG C Y, BOCHKOVSKIY A, LIAO H Y M. YOLOv7: Trainable bag-of-freebies sets new state-of-the-art for real-time object detectors [C] //Proceedings of the IEEE/CVF conference on computer vi-

sion and pattern recognition. 2023: 7464-7475.

[31] FELZENSZWALB P F, GIRSHICK R B, MCALL-ESTER D, et al., Object detection with discriminatively trained part-based models [J]. IEEE transactions on pattern analysis and machine intelligence, 2009, 32 (9): 1627-1645.

[32] BOLME D S, BEVERIDGE J R, DRAPER B A, et al., Visual object tracking using adaptive correlation filters [C] //2010 IEEE computer society conference on computer vision and pattern recognition. IEEE, 2010: 2544-2550.

[33] 张瑶, 卢焕章, 张路平, 等. 基于深度学习的视觉多目标跟踪算法综述 [J]. 计算机工程与应用, 2021, 57 (13): 55-66.

[34] BERTINETTO L, VALMADRE J, HENRIQUES J F, et al., Fully-convolutional siamese networks for object tracking [C] //Computer vision – ECCV 2016 workshops: Amsterdam, the Netherlands, October 8 – 10 and 15 – 16, 2016, proceedings, part II 14. Springer International Publishing, 2016: 850 – 865.

[35] HENRIQUES J F, CASEIRO R, MARTINS P, et al., High-speed tracking with kernelized correlation filters [J]. IEEE transactions on pattern analysis and machine intelligence, 2014, 37 (3): 583 – 596.

[36] WOJKE N, BEWLEY A, PAULUS D. Simple online and realtime tracking with a deep association metric

[C]//2017 IEEE international conference on image processing (ICIP). IEEE, 2017: 3645-3649.

[37] ZHANG Y, SUN P, JIANG Y, et al., Bytetrack: Multi-object tracking by associating every detection box [C]//European conference on computer vision. Cham: Springer Nature Switzerland, 2022: 1-21.

[38] AHARON N, ORFAIG R, BOBROVSKY B Z. Bot-sort: Robust associations multi-pedestrian tracking [J]. arXiv preprint arXiv: 2206. 14651, 2022.

[39] DAVID E, MADEC S, SADEGHI TEHRAN P, et al., Global Wheat Head Detection (GWHD) dataset: a large and diverse dataset of high-resolution rgb-labelled images to develop and benchmark wheat head detection methods [J]. Plant Phenomics, 2020, 2020: 1-12.

[40] TZUTALIN, 2015. LabelImg: Image Labeling Tool. GitHub Repository. Available: https://github.com/tzutalin/labelImg.

[41] LIU X, PENG H, ZHENG N, et al., Efficientvit: Memory efficient vision transformer with cascaded group attention [C]//Proceedings of the IEEE/CVF conference on computer vision and pattern recognition. 2023: 14420-14430.

[42] WANG J, CHEN K, XU R, et al., Carafe: Content-aware reassembly of features [C]//Proceedings of the IEEE/CVF international conference

on computer vision. 2019: 3007-3016.

[43] OUYANG D, HE S, ZHANG G, et al., Efficient multi-scale attention module with cross-spatial learning [C] //ICASSP 2023 - 2023 IEEE International Conference on Acoustics, Speech and Signal Processing (ICASSP). IEEE, 2023: 1-5.

[44] DOSOVITSKIY A, BEYER L, KOLESNIKOV A, et al., An image is worth 16x16 words: Transformers for image recognition at scale [J]. arXiv preprint arXiv: 2010. 11929, 2020.

[45] YANG L, ZHANG R Y, LI L, et al., Simam: A simple, parameter-free attention module for convolutional neural networks [C] //International conference on machine learning. PMLR, 2021: 11863-11874.

[46] HU J, SHEN L, SUN G. Squeeze-and-excitation networks [C] //Proceedings of the IEEE conference on computer vision and pattern recognition. 2018: 7132-7141.

[47] LI Y, YAO T, PAN Y, et al., Contextual transformer networks for visual recognition [J]. IEEE transactions on pattern analysis and machine intelligence, 2022, 45 (2): 1489-1500.

[48] LI X, WANG W, HU X, et al., Selective kernel networks [C] //Proceedings of the IEEE/CVF conference on computer vision and pattern recognition. 2019: 510-519.

第3章 基于集成学习的小麦多模型耦合

一、绪言

(一) 研究背景和意义

中国作为全球最大的小麦生产国与消费国之一,小麦产量在中国的粮食作物中排名第三,小麦的生产在维护国家粮食安全方面扮演着至关重要的角色[1]。农业生产中水肥两个因素占据重要地位,利用协同效应,增水增肥两者积极配合、协同促进。在生产实践中,水分和肥料之间存在着相互制约与相互促进的关系。只有当水肥两个因素被合理搭配时,才能实现以肥料调节水分、以水分促进肥料利用的目的,并最大限度地利用水肥耦合效应以提高产量[2]。所以,为保障农业生态环境,实现增产增收,充分实现绿色自然的发展理念,研究水肥耦合关系,实现水肥高效率利用有着重大意义。

为了提高模型对小麦生长过程的模拟效果,研究中将加入水、肥模型,加强模拟效果[3]。科学展示作物生长发育及水肥变化,对田间地头提供科学化、精细化指导,对播种、杀虫、灌溉提出行之有效的措施。随着模型预测和模拟精度逐渐提高,将被用于理解农业经济发展趋势、支持农业管理决策和优化区域水资源分配[4]。

目前在农业信息化领域,以生长模型和水、肥模型建立耦合关系用来研究小麦生长模型的鲜有报道,若以小麦生长模型为主,水、肥模型为辅,通过弱耦合将三个模型集成在一个模型中,将有望稳定有效向外输出作物干物质积累量、叶面积指数、总生物量和谷物产量等指标。通过查阅文献资料、模型实现、模型耦合的研究方法,实现小麦生长预测模型与水肥灌溉模型的多模型耦合[5]。本研究旨在为小麦的动态生长模拟、平台展示提供生长、决策数据。

(二) 小麦生长模型研究现状

作物模拟模型旨在特定描绘作物生长过程中与周围环境物质交汇的互动关系,这种模型基于作物内在的生长规律,融合了作物的遗传潜能和环境因素之间的相互作用,从而构成了一种专注于作物生长过程的模型,涵盖了生长模型和过程模型[6]。一个理想的作物生长模拟模型应该具有以下几个特征:一是通用性,适用于任何条件下的物种;二是用户友好,普通人操作应用;通常容易获取和收集的自然数据;三是便捷性,按照需求随时增删改查;四是探索性,在生理和生态研究和探索方面,进行作物生长模型剖析。包括作物生长发育的几个主要过程:光合作用、地下根生长动态、同化物分配、蒸腾作用、叶片生长和膨胀、形态发育和衰老。大多数模型都结合了上述所列的主要过程,并以多种方式来处理这些过程[7]。20世纪 deWit 和 PenningdeVries 将作物生长模拟划分为不同层次水平:(1)潜在生产(仅考虑辐射和温度的影响);(2)限水生产肥料充足情况下,对于水资源的灵活运用在前三个层次上研究很多,对于下一个目标正在攻坚克难中[8]。

小麦生长模型系统研发被不断丰富和补充,从系统分析到数字知识应用和语言普及,对作物生长发育、气象条件和土壤数据训练。建立模型的过程通常涵盖了对模拟系统的明确和分析、数据的收集与处理、模型构建及编程实现,以及模型的调整和验证这几个主要步骤[9]。我国大力推广规模化种植，借鉴大量国外先进经验与作物模型，在国外作物模型研究的基础上，开始研发适合我国国情的作物模拟模型。以王石立的春小麦简化生长模型与张宇的冬小麦生长发育模型为起点，研究人员进行了大量实验，我国的小麦生长模型逐步跟上世界先进水平。现在的小麦生长模型在阶段、形态发育、干物质积累与产量、土壤含水量变化、作物模型可视化平台建设等方面在生产实践过程中得到应用。对于小麦的生长发育、土壤水氮平衡、物质积累量和气象统计变化等实际运用发挥着主要作用[10]。3D动态展示小麦外形结构是在外形层次表现植物的形态结构模型，体现小麦在不同环境条件下的外形变化和特定条件下的形态变化，为实现生产者个性化需求的措施下进行作物动态仿真、外形优化计算和理想条件下植物发育等提供坚实的理论基础和研究价值。

（三）水肥耦合研究现状

作物增产与施肥效率以及土壤含水量息息相关，不同情况的土壤含水量影响着施肥对作物的影响结果。在印度，相关专家以珍珠稗为实验对象，长达四年的研究得出结论，土壤含水量过低，施肥对作物发育的积极影响有限，但在有限的含水量情况下，施肥有助于作物的产量提高[11]。相关专家研究发现，春小麦发育时年降水量低于120mm时，施加氮肥没有积极影响，而冬小麦年降水量低于109mm时，施肥起到烧苗的消极影响。土壤含水量的不同，施肥量也要跟着变化；极度缺水的情况下，施肥只会起到反效果，越干旱消极作用也就越大，作物产量也就越低。不同土壤含水量，氮素对农作物生长发育和产量的影响，在水分不足情况下，作物内部对所需元素的捕捉、养分的调配均受到抑制，反而大大阻碍了作物对养分的吸收，肥料浪费、水分不足，作物自身的发育受到抑制，致使减产。只有水肥合理分配，以肥促水，以水化肥，两者交相呼应，使得水肥得到最大效率地使用。因为水肥的内在协调十分微妙，土壤含水量条件影响是一方面，更重要的是参照作物生长的各个时期需水量的不同准确得出最佳浇灌时间点，顺应作物水肥需求量的内在自然规律，找到水肥最佳临界点，把握水肥的关键点与同调配合，充分发挥水肥的积极效应。尤其是北方水资源奇缺的干旱地区，作物在生长发育的各个阶段对水肥的协同效应有着重大影响，在有限的水资源下实现作物的丰产丰收[12]。

利用水肥内部的同调机制，借助协同和统筹全面有效采取积极措施提高整体的效率及作物产量。水肥耦合所产生多种机制对植物有着不同的影响，发挥协调、叠加以及拮抗效应。协同效应为耦合的正效应[13]，建立两个及以上的水肥体系，互为促进、互为提高，多个因素的耦合大于单个因素的影响。叠加效应为水肥多个体系简单叠加，没有深层的内在耦合点[14]。拮抗效应是水肥体系中不同体系彼此对抗或各个环节因素相互抵消，对彼此产生牵制作用，产生负效应。作物生长发育过程中，水肥的需求量是动态的变化过程，不同时期的交替对施肥有着很大差异。水分受限下，施肥的把控，充分发挥有限的水资源利用率[15]。水肥都受到限制下，水分的适当追加有着积极影响。而在水分溢出情况下，水的作用没有施肥带来的增产效果明显。在水资源缺乏的地区，滴水灌溉发挥着增产的积极效益。针对燕麦的研究，氮肥和需水量产生的为协同效应，磷肥和需水量耦合的为拮抗效应，得出在生长时期增加施肥量有利于提升产量[16]。水肥耦合不仅大大提升水肥的使用效率同时对土壤的改善有着积极作用，对于紫色土区治理污染、提升效率产生积极作用[17]。

二、数据来源

(一) 气象数据

小麦生长预测过程中的气象数据主要来源于美国 NASA 公布的开源数据集,为全球近三十年来比较完整的地球观测数据集,该数据集包括温度、压强、风、降水和太阳辐射等众多的信息,通过网络检索可以有效快捷获取这些时间序列数据。通过卫星观测,算法模型计算,可以获得逐小时、天或月的气象信息。一个基于国家合作土壤调查收集的土壤调查信息的土壤数据库。模拟使用的气候信息来自一个名为"IEM 再分析"的合成天气数据集,该数据由美国爱荷华州环境 Mesonet 设计。该数据库是由多种天气来源组合而成的。温度数据来自国家气象局合作观测者计划(NWS COOP)观测者。降水数据来自美国国家海洋和大气管理局多雷达/多传感器系统(NO-AAMRMS)、俄勒冈州立大学的 PRISM 数据集和 NWS COOP 报告的基于雷达的估计。最后,辐射数据来自 NASA POWER(本次试验选取 2006 年的 NASA 气象数据与 2018 年的气象数据)(表 3-1 至表 3-2)。

表 3-1 2006 年 1 月 1 日至 12 月 31 日气象数据

年份	太阳辐射/ $kJ/(m^2 \cdot da)$	最低温度 Celsius	最高温度 Celsius	大气压强 kPa	风速/ $m \cdot s^{-1}$	降水量/ mm
2006-01-13	6 050	-2.7	7.32	0.554	2.02	0.07
2006-01-14	7 670	-2.71	6.77	0.568	1.1	0.12
2006-01-15	8 680	-1.6	8.17	0.558	0.92	0.03
……						
2006-06-20	22 680	26.14	36.9	2.880	1.94	7.73

（续表）

年份	太阳辐射/ kJ/（m²·da）	最低温度 Celsius	最高温度 Celsius	大气压强 kPa	风速/ m·s⁻¹	降水量/ mm
2006-06-21	7 240	25.64	33.69	3.058	1.02	17.77
2006-06-22	3 530	22.92	29.04	2.786	2.51	16.6
……						
2006-12-29	11 520	-4.74	6.24	0.343	2.64	0.52
2006-12-30	2 560	-1.69	5.73	0.530	1.62	1.67
2006-12-31	1 840	-1.69	2.53	0.568	1.94	4.8

表 3-2　2018 年 1 月 1 日至 12 月 31 日气象数据

年份	太阳辐射/ kJ/（m²·da）	最低温度 Celsius	最高温度 Celsius	大气压强 kPa	风速/ m·s⁻¹	降水量/ mm
2018-01-01	6 700	-0.42	12.47	0.623	1.41	0
2018-01-02	1 820	0.55	8.21	0.666	3.33	0.72
2018-01-03	1 370	-2.18	2.44	0.532	5.05	22.75
……						
2018-06-17	20 860	21.8	31.65	2.476	2.08	1.72
2018-06-18	6 160	21.38	25.61	2.546	3.03	24.61
2018-06-19	5 620	21.37	27.8	2.711	2.91	36.06
……						
2018-12-29	5 500	-6.38	1.14	0.237	2.12	0.01
2018-12-30	9 170	-4.67	1.84	0.266	1.93	0.07
2018-12-31	6 500	-5.89	2.58	0.296	1.54	0.02

（二）田间和土壤数据

模拟的土壤剖面图是从土壤调查地理数据库（SSURGO）创

建的，当前管理作物模型输入数据库包括每公顷的 N、P 和 K 千克数，空气湿度与酸碱度为通过区域比例模型校准得出的品种性状数据，氮肥数据来自 USDA - NASS 的综合分析（表3-3）。

表3-3 土壤信息

N/kg·hm²	P/kg·hm²	K/kg·hm²	空气湿度/%RH	酸碱度/pH
90	42	43	82.003	6.503
85	58	41	80.320	7.038
60	55	44	82.321	7.840
74	35	40	80.158	6.980
78	42	42	81.605	7.628
69	37	42	83.370	7.073
69	55	38	82.639	5.701
94	53	40	82.894	5.719
89	54	38	83.535	6.685
……				

三、集成学习方法

（一）分类器架构

集成学习方法中选择 Bagging 法，旨在降低测试误差，采用 Boosting 法能够权重调节赋能，通过 Stacking 融合预测和堆叠泛化、交叉验证提高准确度，因此将前两种作为一级分类器，后两种作为二级分类器，组成集成学习模型。其分类器架构设计如图 3-1 所示。

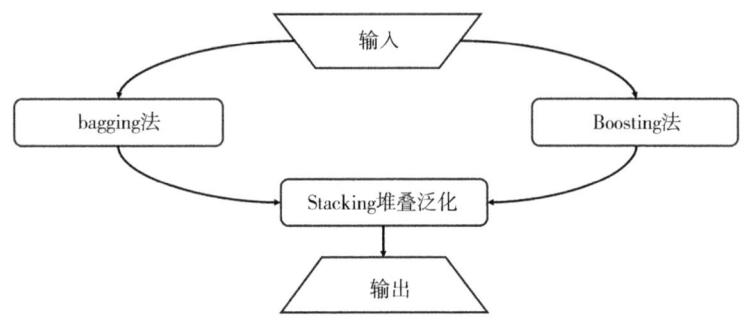

图 3-1　集成学习分类器的框架设计

1. Bagging 法

在 Bagging 法中，通常是从样本集中随机得到 N 个样本集，每一个输出对应新模型，最后将 N 个输出结果平均预测输出的方法[18]。

$$y^{(\text{bag})} = \frac{1}{K}\sum_{i=1}^{k} y_k \qquad (3\text{-}1)$$

公式（3-1）中，$y^{(\text{bag})}$ 是 Bagging 算法的预测结果，k 是基本学习器的数量；y_k 是基本学习器 k 的预测结果。

在 Bagging 策略中，每棵决策树都会在其训练数据集上尽可能完全地生长，而不进行剪枝处理，且 Bagging 允许基模型的并行训练。由于各个决策树是独立训练的，因此可以在不同的处理器或机器上同时训练它们，从而提高训练过程的效率。这种并行性使得 Bagging 特别适合于处理大规模数据集，能够有效地提升模型训练的速度和性能。目前已有很多针对 Bagging 的改进方法[19]。

由于训练集的随机采用的不确定性很大，增强支持向量机、Bagging 和决策时，分类效果得到明显改善[20]，领域均衡对不平衡数据处理方面有着明显改进。随机森林在实际中得到广泛应用,改进的方式层出不穷,增加树多元化,旋转提升精度,从数学概率分析角度,使得结果更加精确稳定。参数值的改变、评估分析收敛性[21]依然是研究的热门方向。

2. Boosting 法

Boosting 法是监督学习中的一种重要算法,旨在通过组合多个弱分类器来减少模型的偏差。这种方法通过序列地训练弱分类器,每个分类器都致力于纠正前一个分类器的错误,从而整体上构建出一个强大的预测模型,将其组合为一个强分类器。Boosting 的算法实现:开始时每个训练权重值一样,经过不断训练,对训练困难的不断加大权重值并修正,最后输出函数[22]。利用过采样与欠采样方式相结合的融合技术处理分类不均衡,利用贝叶斯优化算法确定 CBDT 模型的最优超参数对原始数据集做训练,最终对结果产生影响。

$$y_{(\text{boost})} = \sum_{k}^{K} \alpha_k y_k \tag{3-2}$$

公式(3-2)中,$y_{(\text{boost})}$ 是 Boosting 算法的预测结果;K 是基本学习器的数量;y_k 是基本学习器 k 的预测结果;α_k 是基本学习器 k 的权重。其每个基模型都在尝试增强集成模型的效果。

3. Stacking 法

Stacking 法是一种高级的集成学习技术,其核心思想是首先训练多个不同的基模型,然后使用另一个模型来综合这些基模型的预测结果。具体来说,Stacking 过程分为两个阶段:首先,在第一阶段,多种不同的基模型被独立训练在同一个数据集上。这些基模型的预测输出随后被用作第二阶段模型的输入特征。在第二阶段,称为元模型或二级模型的模型被训练,以便学习如何最有效地结合第一阶段中各个基模型的预测，从而产生最终预测结果。理论上，为了达到最佳性能，Stacking法中的模型组合需要精心选择。在实践中，逻辑回归经常被用作第二阶段的组合模型，因为它能有效地将不同模型的预测结果转化为最终预测。

为了训练这些模型，常常采用自助抽样（bootstrap sampling）来从原始训练数据集中生成多个训练子集，这些子集被用来训练第一阶段的多个基模型，也称为Tier1分类器。为了避免过拟合，这些基模型的训练通常采用交叉验证的方法。最后，这些基模型的输出被用作训练第二阶段模型，即Tier2分类器的输入，以获得最终的预测结果。Stacking多模型融合预测法，在预测结果的平均精度与峰谷变化的适应能力方面更具优势[23]。

LAYEGHIAN[24]采用随机森林、邻域均衡法和决策树作为基础模型，并将逻辑回归作为二级模型来执行集成学习。然而，手动选择基础模型和二级模型可能无法实现调节性能的最佳状态。为了解决这一问题，LEDEZMA[25]提出使用DNN算法来优化Stacking集成模型架构。同时SHUNMUGAPRIYA[26]运用蚁群算法选择一级模型和二级模型。针对非均衡分类问题，SENG[27]提出了一种基于局部邻域欠采样的Stacking集成算法，该算法依据局部邻域信息从多数类中选取样本形成数据子集进行处理。

（二）集成学习系统参数优化

在集成学习网络中，各种参数对模型整体性能产生显著影响是不可忽视的。这些参数主要涉及两个方面：一是各个基分类器的参数值；二是模型包含的参数值。参数类型包括DNN的权重与偏置、RBF等核函数的参数，优化方法分两类：单目标优化和多目标优化。这种分类方法有助于更系统地探索和应用各种优化技术,从而在提高预测精度的同时,也能提高优化模型的复杂度和泛化能力。

Padilha 等[28]以最小二乘支持向量机为子学习器构建集成式分类学习系统实现,本研究构建的集成模型设计过程中,不仅仔细分析了模型架构、使用的技术特性与数据特性之间的相互作用,还致力于应用进化算法来不断提升集成模型的整体性能。Huang 等[29]提出了一种自适应小生境差分(ANDE)优化算法。通过结合启发式聚类算法与差分进化(DE)算法,解决多模态问题的效率。还采用自适应机制对 DE 算法的参数动态调整。对神经网络的权重优化,基于 ANDE 算法的实现,在解决多模态问题上展现明显优势。基于多目标优化改进算法的研究分析由 Chen 等[30]以径向基神经(RBF)网络为子分类器独特设计集成学习算法,解决分类难题。结合敏感度共享与分配机制的非支配排序方法,构建多目标优化算法。此算法被应用于优化径向基函数(RBF)网络的关键参数,包括核心位置、核宽度以及从隐含层到输出层的权重。

$$\min \sum_{j=1}^{R} (f_i(x_j) - z_j)^2$$
$$\max \sum_{j=1}^{R} (f_i(x_j) - Y)^2 \qquad (3-3)$$
$$\min \sum_{j=1}^{R} \omega_j^2$$

在公式(3-3)中,R 代表了集成模型中训练样本的总数。公式(3-3)每个子分类器的输出结果由 f_i 表示,而 x_j 标记了第 j 个训练样本数据的输入。集成学习模型旨在最终的输出结果 Y,其中 z_j 是第 j 个训练样本数据的期望输出值,而 j

表示对应于 RBF 网络输出层的权值。三个核心的计算公式分别旨在：降低训练数据的均方误差、强化各神经网络间的负相关性以及缩小集成网络的正则化值。借助弱相关集成深度神经网络中引入正则化项，研究旨在为了减少算法模型的复杂性同时增强其对噪声数据处理的学习效果，本研究先后评估了各个模型特点，在熟悉的基础上借用多目标优化算法，得到对应解，有组织的搭配合适的分类器，使用平均权重作为核心，对应分类器解决效率将能够提升[31]。

盛伟国等[32]采用了对神经网络中的参数值进行重新设置，对于误差值的变化进行综合分析，进而对集成分类学习算法执行优化。尽管这种集成模型通过弱相关学习耦合策略提升了模型的多元性，并且利用加权平均对系数的改变，但这个方法在考虑两个优化目标的独特属性方面仍有所不足。Jin 等[33]在其工作中提出了一种新的多目标优化方法，利用动态加权法对由多层感知器（MLP）组成的集成学习模型的神经元结构和权重进行升级优化。与传统的加权方法不同，以在神经网络训练过程中综合考虑模型拟合能力和泛化能力，从而实现更有效的模型优化。

（三）集成学习结构优化模型

在集成学习模型中，结构多元化是实现模型多样化的一个关键方面。改进和优化集成学习相关模型的网络结构可以分为两个主要方向：一是对各个子学习器的基础结构进行改进和优化，包括但不限于通过集成算法调节内部基学习器的各项参数等；二是对集成网络中子学习器的组合进行优化和改进，这可是通过算法挑选出合适的基分类器。结构的优化基础是基分类器的各自优势凸显，通过集成起来发挥结构优势，即关键节点的分布，以提升整个集成学习模型的差异性和性能。通过共同关注增强子学习器的结构特征来实现优化网络中重要节点之间的连接频次，具体包括控制误差范围和降低集成难度，从而改善模型的泛化能力和性能。将多个单目标通过加权系数优化调整，得到相对解但不如多目标解准确性高[34]。尽管采用了多目标优化的方式，只考虑对误差值的处理方法而忽略了学习的复杂性和内在分布权值[35]。

把问题划分到决策树中依靠假正率与假负率优化、节点数量控制，分类器对结构的配置提升，简单化处理[36]。鉴于研究目标是通过实验处理样本集即算法优势处理缺失数据问题，将局部作为攻坚目标来积极优化，而是确保集成系统的多元性，可以通过确保数据集的不同来实现。研究表明，这种方法能有效提高学习系统的多样性。在处理大规模样本数据时，会导致大量的资源损耗浪费。采用算法选择最佳子学习器组合模式的方式有文献出处[37]。Min[38]以最大化集成学习模型分类准确性为目标函数，对集成学习算法中的子分类器进行二进制数据编码，以寻找最佳子学习器组合。采用了 K 近邻、逻辑回归、决策树和支持向量机四种不同的方法作为子分类器，并通过随机子空间法构建了一个异质性高的集成学习模型，旨在解决公司破产预测的问题。此外，为了优化集成学习系统的输出，采取多数投票策略来汇总各子模型的预测结果。采用不同子分类器可以提升系统的多样性，过于依赖经验判断。根据不同的问题，挑选合适的子分类器，对于子学习器的选择，集成策略也有不同的基本要求。比如，对那些预测结果具有较高随机性的子分类器，使用 Bagging 方法构建集成学习系统可能更为合适。

研究中还使用了差分进化（DE）算法和帕累托前沿进化算法（PAES）来优化广义回归神经网络（BRB）的参数值，发挥基学习器的优势，提升有限的预测能力，不能因地制宜、具体分析，较为笼统地调节关键值和子学习器组合进行了优化。多阶段多目标利用多聚类的评估原则，取得最佳值、优化算法结构，借助集成学习形成新算法，在对各个学习器深入研究后，选取单链接算法、平均链接算法和共享最近邻算法的内部参数和数据集作为训练集[39]，根据协方差和连接性指标（衡量相邻样本被归入同一聚类的频率）为优化目标。区别于一般的集成聚类算法，不是简单叠加子学习器而是构建权重的交叉算子，最后通过新的函数结果输出，在该算法级进化过程可直接输出结果。

集成多目标聚类算法开始要对子学习器有一定了解，选取上保障模型适配性和多元化。该优化算法设计之初是想通过算法找出最优解，对子学习器的协调配合有所忽略。因此跳过组合步骤，简化计算的同时，超出一定的误差范围。后有研究者[40]根据结果分类的不同构造类似的目标函数，加强预测效果。

（四）耦合策略

文献显示，主流的耦合方法为两种：一是调节各个基学习器的学习比重，侧重数据集的分类整理；二是函数优化核心，整体优化，依赖使用者经验[41]，差异性越大的学习器集成时产生的各式结果，并利用集成算法对所选基学习器的特征权值分配。区别于多重组合的臃肿搭配基学习器集成的算法，其多偏于细节上的经验处理输出的有效性。

在探索利用柔性神经树技术对市场变化进行预测的研究[42]中，研究者们采用遗传编程来调整神经网络的内在配置。随后，在集成的回归学习模型 FNTE 架构确定之后，通过粒子群优化技术对模型的参数及其在合并阶段的权重进行了精细调优。尽管采用了多层次的优化方法来提高子模型的多样性和预测精度，并且这些方法将子模型权重的调整与整体网络的参数或结构优化分别处理，但此方法未能全面考虑到整个集成网络优化的综合性。

人工鱼群的优化属性能够使 PSO 算法部分[43]优化改进，与后面的 Adaboost 模型分别组合发挥学习器的融合优势，在人脸检测领域得到应用比以往的模型性能提高不少，同时实践中也暴露出不足，过分注重误差的缩小，而忽略集成系统多元化，不仅仅依靠权重值的分配影响系统输出，矩阵、超量及超进化都需要共识函数[44]的构建来区分不同聚类算法的方式。多种不同方式的堆积搭建成异质集成模型[45]，利用二元相似聚类集成输出结果的手段，取代原始的算子，优化多数量输入，通过 K-means 算法处理，多输出优质结果。集成多个不同子学习器[46]，将 K-means 算法作为子学习器建立集成学习模型[47]，共识函数为基础优化目标，集成学习耦合过程中参数值调优[48]。其中，如 MECEA、MOMVEC 和 EMEP 等方法，通过设定包括最小化群组内偏差、增强数据之间的相关性，增加对目标问题的解决方法，提升模型的的整体效能。

（五）耦合算法集成

模型设计实验中，采用 Bagging 法、Boosting 法作为一级分类器集成网络参数优化、网络结构优化，Stacking 法作为二级分类器堆叠泛化并进行融合策略优化，最终达到理想优化效果。

当输入数据的时间长度变化时，Bagging、Boosting 和 stacking 技术中的参数通过相同的 GridSearchCV 方法进行选择。对于多模型耦合算法，由于其参数调整所需的训练时间较长，因此选择了固定参数值。从结果来看，与其他算法相比，多模型耦合算法展现出了更高的准确率。

决策树的每个叶节点代表一个类别，而每个非叶节点表示在某一属性上的判断，用以将数据分割成几个子集。非叶节点上多数样本所属的类别标签被用来标识达到该节点的样本的类别。在构造决策树时，关键的问题在于每一步应如何选择属性来最有效地拆分样本集。作为最基础的预测模型，分别与 Bagging 法、Boosting 法和 Stacking 法以及最后集成的多模型耦合算法验证。

图 3-2 展示单一决策树与 Bagging 法对比，结果显示，Bagging 法的测试准确率较之决策树得到了显著的提高。

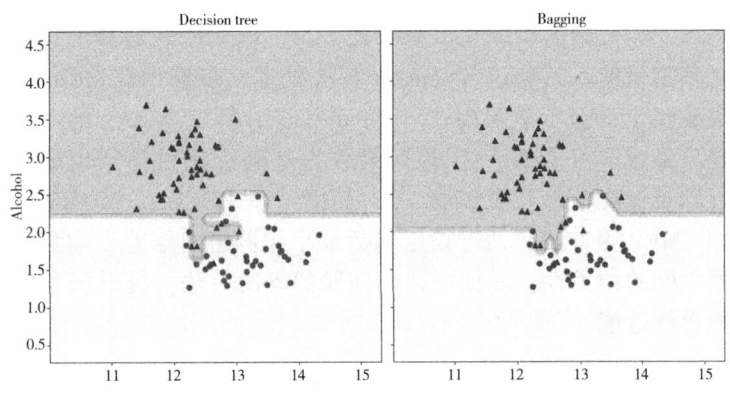

图 3-2　决策树与 Bagging 对比

图 3-3 Boosting 法中最具代表性之一 Adaboost 法，结果显示，Adaboost 决策界比单层决策树复杂得多。Stacking 集成算法在前两者的基础上加权平均，融合 Bagging 与 Boosting 的优势，先树立一个两层的集成结构，把预测的结果（元特征）提供给第二层，而第二层的分类器通常是逻辑回归，把前面的结果当做特征做拟合输出预测结果，训练数据集中的不同特征子集，构建集成模型。

考虑到自然因素影响，选取 2006 年与 2018 年，3—7 月小麦生长大致气候条件相似。理想条件下，在同一作物模型输

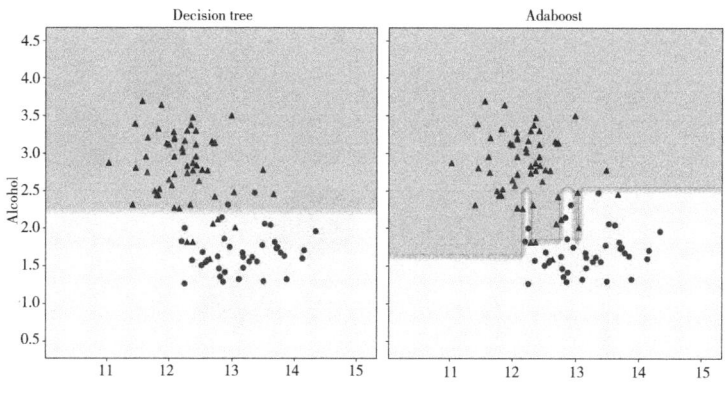

图 3-3 决策树与 adaboost 对比

出量相同。模型的集成学习实验中,将 2006 年气象数据经任单一分类器处理送入作物模型,2018 年气象数据输入耦合集成算法中处理送入作物模型,旨在检验模型集成学习后的能力变化,相关数据如图 3-4 所示。

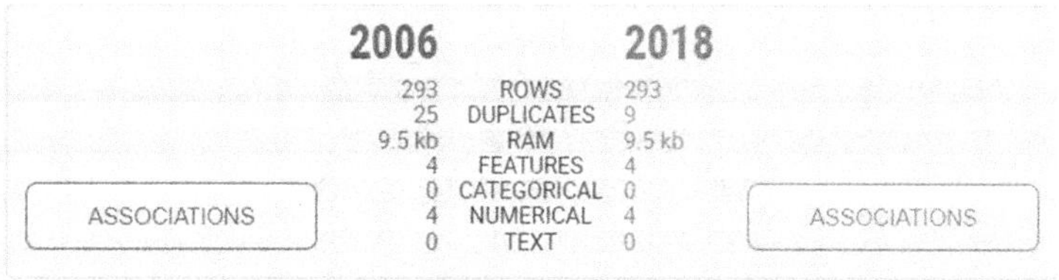

图 3-4 2006 年与 2018 年气象数据对比

图 3-5 展示的是在算法不同的年份下,耦合集成算法与任单一模型算法对模型输出值影响强弱,在耦合集成学习下的作物模型输出预测效果更强,LAI(叶面积指数)、TAGP(总物质量)、SM(土壤含水量)等生物量更能符合小麦实际的生长情况。

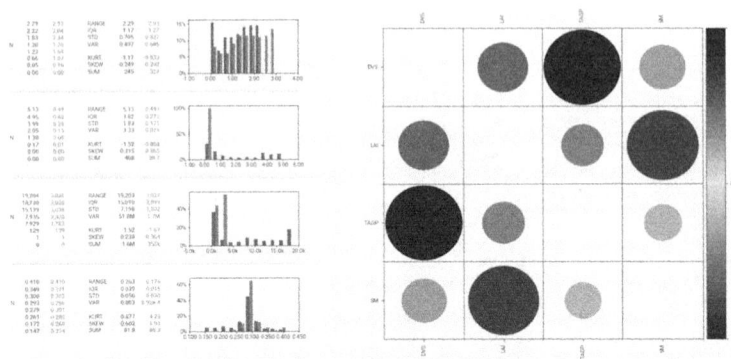

图3-5 集成学习前后对比图

为了评估开发的机器学习模型的性能,实验中使用三种统计性能指标。一是均方根误差(MSE):预测值与实际值的平均平方偏差的平方根;二是平均绝对误差(MAE):预测值和观测值之间绝对误差的平均值;三是决定系数(R^2):因变量中由自变量解释的方差比例。

$$MSE = \sqrt{\frac{1}{n}\sum_{i=1}^{n}(y_i - \widehat{y}_i)^2} \qquad (3-4)$$

$$MAE(y_i, \widehat{y}_i) = \frac{1}{n}\sum_{i=1}^{n}|y - \widehat{y}_i| \qquad (3-5)$$

$$R^2 = \frac{(n\sum_{i=1}^{n}y_i\widehat{y}_i - \sum_{i=1}^{n}y_i\sum_{i=1}^{n}\widehat{y}_i)^2}{[n\sum_{i=1}^{n}\widehat{y}_2i - (\sum_{i=1}^{n}\widehat{y}_i)^2] \times [n\sum_{i=1}^{n}y_i^2 - (\sum_{i=1}^{n}y_i)^2]}$$

$$(3-6)$$

公式(3-4)、(3-5)、(3-6)中,n为数据集样本量;y_i为第i个样本真实值;$\widehat{y}_i$为第i个样本预测值;MSE与MAE越小代表模型误差越小;R^2越接近1代表拟合度越好。以上指标共同提供了误差（MAE、MSE）和模型解释的方差（R^2），是目前通常采用的评价预测模型的指标。与 MSE 相比，MAE 的计算结果与目标变量的量纲保持一致，但两者又存在一些缺陷。MAE 选择的最优模型对离群点不敏感，MSE 选择的最优模型则是以牺牲正常点的拟合效果为代价，对离群点容易产生过拟合。

研究以气象损失数据为实证分析对象，而气象损失数据中仅有少量数据属于离群点，绝大多数气象损失为 0，数据具有极不平衡的特点。若采用某种单一指标评价气象损失的预测模型，则可能导致预测结果偏大或偏小，耦合算法相对前三个基分类器性能提升 27.6%，评估结果如表 3-4 所示。

表 3-4 集成学习的评估结果

评估指标	评估模型		
	MAE 平均绝对误差	MSE 均方根误差	R^2 决定系数
Bagging 法	5.164	15.698	0.613
Boosting 法	5.254	14.302	0.639
Stacking 法	4.298	12.256	0.746
耦合算法	2.836	7.581	0.942

四、作物生长模型和水肥模型

模拟作物生长发育过程中一系列生理活动，构建作物生长模型，按时间、空间上实现作物发育过程生物量的变化，需要气象数据、土壤数据来为作物模型提供分析依据，实现对作物数字化模拟，解构作物动态生长过程以及实现对未来产量的预测，有着广阔的应用前景。

(一) WOFOST 模型原理

WOFOST 模型是其中一种早期被实际采用的模型,基于作物的生长周期和二氧化碳同化过程进行模拟[49]。该模型通过模拟干物质分配来预测作物产量,并利用呼吸过程中产生的二氧化碳量来估算作物的生物量,属于一个由大气二氧化碳驱动的模型。

该模型按作物生长周期内动态模拟每天的生物量变化,受气象、水肥条件的影响。在气象条件下,作物不仅依靠土壤条件、风速和最高低气温影响,而水肥控制在合适水平;水份条件下,控制施肥量的变化来探讨对作物模型的影响;施肥量条件下,控制水量的变化考虑对作物模型的综合影响。

WOFOST 模型依据各种输入条件,输出叶面积指数、总物质量、土壤含水量等代表作物生长状态量。模型依据气候条件、作物特征和土壤条件,解释作物从发青到拔穗、从灌浆到成熟的整个生长发育周期,同时模拟在自然综合因素作用下的日干物质积累过程。通过光合作用吸收二氧化碳和光辐射计算总同化量。总同化量一部分生长活动消耗,一部分呼吸作用耗费,剩下的作用于作物的叶、穗等部位按权重分配,各个阶段配比不同。

在 PyWOFOST 模型中荷兰工程师集成了各种工具,但过于复杂、不够简洁,FORTRAN 语言作为编写该程序的底层,相对于 Python 具体工作实现更加麻烦。后续的研究者逐渐用 Python 重新架构 WOFOST 模型更符合当今时代需求。

不同作物在不同的生长季节表现出各自独特的特征。对作物生长发育的理解,关键在于模拟物候发育过程至关重要。物候进程受温度和光照影响,使用无量纲变量 DVS(Development Stage)表示,旱生植物经历了生长季节和生殖季节两个时段,前者受到温度和光照时间的影响,温度起到关键作用。发育阶段评定了各器官的碳同化物分配、叶片面积比和最大叶片二氧化碳同化速率。DVS 从 0（出苗）至 1（开花）再至 2（成熟）变化。例如，小麦的关键物候期包括 3 月中旬播种，4 月初出苗，7 月初至 7 月中旬收获，模型设置播种、出苗和收获日期分别为 3 月 15 日、4 月 1 日和 7 月 15 日。

1. WOFOST 模型小麦生长过程模拟

WOFOST 模型在模拟输出中展现出了显著的不确定性，作物模型的输出依赖于数据的输入，通常会根据当地的气象与土壤数据输出相对应的符合作物生长规律的生物量，不同的地形地貌自然产出预测不一致。对于 WOFOST 模型模拟小麦生长发育过程和产量，模型依赖于大量参数[50]。通过对这些参数进行敏感性分析并进行适当的校准，以及通过加入灌溉模型来优化模型结构，可以在一定程度上缓解不确定性的影响。此外，综合考虑多种不确定性来源并采用适当的数据同化方法，是全面理解模型不确定性并提高模拟结果可靠性和精确性的关键。

2. WOFOST 模型敏感性分析

小麦生长发育的模拟在 WOFOST 模型中需要大量的作物和土壤参数作为依据，这些默认参数值主要针对北欧地区而设。通过模拟分析，可以确定对小麦叶面积和产量影响较大的关键敏感参数，并进行相应的调整。对不同参数对最大叶面积指数（LAIMAX）、总生物量（TACP）和果实总重（TWSO）的影响（图 3-6 至图 3-8）进行了分析，并选取了一阶和全局敏感性指标进行评估[51]。

基于对 LAIMAX 敏感的 5 个参数，对 TAGP 敏感的 3 个参数，及对 TWSO 敏感的 3 个参数，总共 11 个参数被选用进行模型参数的标定。在此基础上，采用高斯核密度估计对收集的

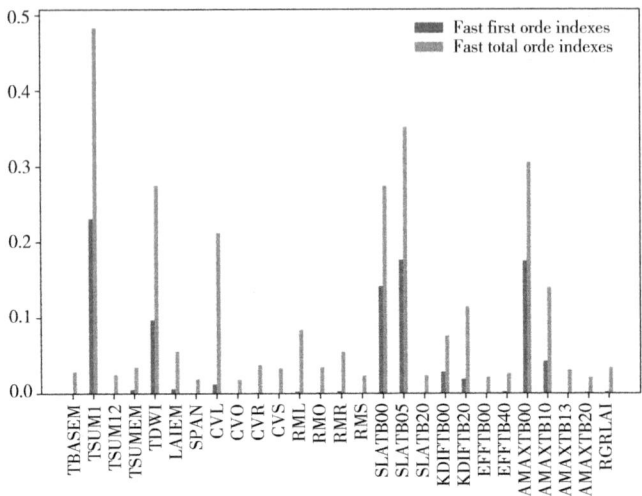

图 3-6 LAIMAX 一阶与全局对比

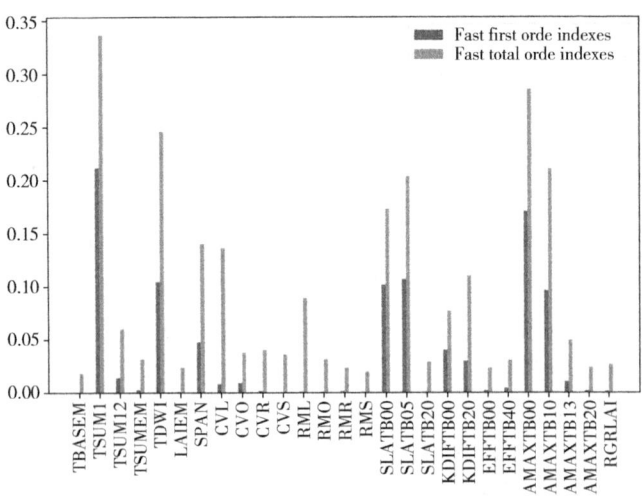

图 3-7 TAGP 一阶与全局对比

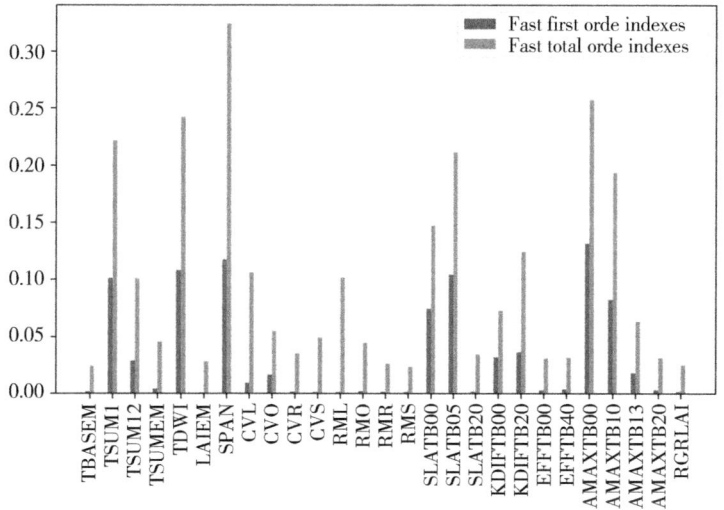

图 3-8 TSOW 一阶与全局对比

参数样本进行拟合,并选择概率密度最高的值作为模型参数值。在模型评估过程中,LLAI 和 Lyield 分别代表 LAI 和产量的似然函数值;L 为结合了 LAI 和产量的似然函数值;x 和 xobs 分别为不同生育期 LAI 的模型模拟值和观测值向量,选取四个时间点的 LAI 数据;$\Sigma-1$ 是 LAI 观测值的协方差矩阵,假设不同生育期 LAI 观测值相互独立,且方差统一设置为 0.2;K 为 LAI 向量长度;$\det\Sigma-1$ 为协方差矩阵的行列式值;Y 和 Yobs 分别代表产量的模型模拟值和观测值;为产量观测值 10% 的标准差,作为评估标准并且标定数据为接下来模型耦合内部权值分配做准备。

3. WOFOST 模型结果分析（表 3-5、表 3-6）

表 3-5　2006 年作物输出主要信息

年份	叶面积指数 LAI	总生物量 TAGP	器官干重 TWSO	土壤含水量 SM
2006-04-05	0.000 693 625	0.408	0	0.311
2006-04-06	0.000 718 433	0.422 607 688	0	0.297 082 758
2006-04-07	0.000 799 746	0.486 485 621	0	0.294 192 417
……				
2006-06-17	1.442 268 622	1 148.755 979	283.6 019 238	0.272 453 617
2006-06-18	1.447 817 931	1 215.085 742	348.0 799 703	0.268 188 465
2006-06-19	1.449 897 493	1 242.473 996	458.0 278 264	0.263 881 904
……				
2006-07-13	2.434 297 167	3 034.74 854	1676.496 293	0.199 179 968
2006-07-14	2.422 867 574	3 275.16 499	1720.823 524	0.194 670 159
2006-07-15	2.414 732 784	3 498.05 932	1 767.366 022	0.190 280 794
……				
2006-10-18	—	—	—	0.278 340 897
2006-10-19	—	—	—	0.280 957 797
2006-10-20	—	—	—	0.281 316 392

表 3-6　2018 年作物输出主要信息

年份	叶面积指数 LAI	总生物量 TAGP	器官干重 TWSO	土壤含水量 SM
2018-04-05	0.000 703 605	0.409	0	0.247 456 698
2018-04-06	0.000 728 539	0.432 609 516	0	0.398 214 286
2018-04-07	0.000 805 757	0.496 496 663	0	0.300 080 645
……				

(续表)

年份	叶面积指数 LAI	总生物量 TAGP	器官干重 TWSO	土壤含水量 SM
2018-06-17	1.455 632 198	1 218.453 260	295.325 614	0.266 088 238
2018-06-18	1.464 563 208	1 291.256 793	402.632 596	0.266 409 320
2018-06-19	1.469 365 214	1 341.563 413	486.652 301	0.294 911 567
……				
2018-07-13	2.451 632 510	3 156.452 16	1 776.396 253	0.208 928 454
2018-07-14	2.453 480 365	3 368.623 36	1 821.285 641	0.204 557 476
2018-07-15	2.450 852 361	3 576.745 29	1 867.857 21	0.200 889 376
……				
2018-10-18	—	—	—	0.268 563 985
2018-10-19	—	—	—	0.260 458 685
2018-10-20	—	—	—	0.275 698 253

WOFOST 作物模型经气象数据和土壤作物文件输出小麦生长信息，随机选取的 2006 年与 2018 年，除去时间跨度和技术进步上等因素，2006 年与 2018 年小麦生长大致相同。小麦在 7 月中旬左右成熟，总生物量（TAGP）与器官干重（TWSO）达到稳定值，是收割农作物的最佳时期，故后续 LAI、TAGP 与 TWSO 不在分析，快熟期土壤含水量明显降低，可见作物在这一时期大量需要水肥，通常种植者会在这一时期进行最后一次的增肥增水，但模拟模型这方面不够精细，所以，不断更新的水肥优化模型带给小麦生长模型更大提升的可能性。

（二）水肥耦合模型原理

水肥耦合是指作物生长过程中水分与土壤养分之间相互配合与制约的关系，对作物的生长发育起着正面或负面影响。根据作物的水分和养分需求特点,合理安排水肥供给,目的是达到水肥协同促进、相辅相成的结果。新型水肥耦合灌溉技术经铺设管道到作物根系附近,科学混合水肥比例,提高灌溉效率的同时节约水肥资源,有助于减缓对农田的损害,大大提升作物吸收营养效率从而在提高作物产量和改善品质方面发挥关键作用。

小麦生长模型研究聚焦小麦的生理生态变化,以水肥供应充分为模拟条件。而如何节约用水,降低灌溉成本属于智能水肥模型的研究范畴。如小麦产量预测的数据源于干旱或半干旱的气候特性,作物节水灌溉的需求就更为显著。公式(3-7)中,x_m 表示第 m 天的参数变量,包括土壤湿度、酸碱度等;y_m 表示第 m 天的土壤实测水分差。

$$E = \{(x_1, y_1), (x_2, y_2), \cdots, (x_m, y_m)\}, y_i \in R \tag{3-7}$$

为此,实验中采用了一种融合 SVR 和 K-means 聚类算法的智能水肥模型[52],以针对土壤水分差进行精准灌溉,并引入水文信息重新定义生长预测模型的参数。

$$f(x) = \min_{w, b} \frac{1}{2} \| w \|^2 + C \sum_{i=1}^{m} l_\varepsilon(f(x_i) - y_i) \tag{3-8}$$

公式(3-8)中,w、b 分别为 SVR 模型中的权值和偏差值;C 是一个大于 0 的常量;l_ε 是松弛因子。引入松弛因子和拉格朗日乘子,能够对 SVR 模型进行求解。SVR 模型的输出结果与输入样本数据具有线性相关性。

为了进一步提升预测精度,模型引入 K-means 聚类算法,对 SVR 模型的训练输出结果进行聚类分析,得到与输入样本数据相关性更高、误差值更小的输出结果数据。如根据欧式距离计算数据对象之间的相似度,引入公式(3-9):

$$d(x_i, x_j) = \sqrt{\sum_{i=1}^{k} (x_i - x_j)^2} \tag{3-9}$$

公式（3-9）中，k 表示数据对象的数量。在 K-means 算法中，会多次迭代更新聚类中心。利用误差平方和准则函数来判断 K-means 算法是否终止迭代更新，如公式（3-10）所示。

$$J = \sum_{n=1}^{k} \sum_{x_i \in C_k} d(x_i, Center_k) \quad (3-10)$$

在公式（3-10）中，C_k 表示第 k 个簇；$Center_k$ 表示第 k 个簇的聚类中心。综上，构建基于 K-means-SVR 的土壤水分差智能预测模型，提升灌溉效率及水资源的利用效率。

针对小麦快熟期 6 月 15 日到 7 月 15 日号时间内，为小麦增产增收的关键期。该智能水肥模型输出主要参数 LAI 与 SM，表 3-7 和表 3-8 分别为 2006 年和 2018 年的叶面积指数与土壤含水量为与 WOFOST 模型的耦合提供共同基础。

表 3-7　2006 年灌溉作物主要信息

年份	叶面积指数 LAI	土壤含水量 SM
2006-06-15	2.957 732	0.633 911
2006-06-16	3.352 183	0.611 812
2006-06-17	3.750 117	0.626 119
……		
2006-07-13	7.765 702 9	0.445 329
2006-07-14	7.777 132 5	0.445 329
2006-07-15	7.685 268 4	0.467 719

表 3-8　2018 年灌溉作物主要信息

年份	叶面积指数 LAI	土壤含水量 SM
2018-06-15	3.944 368	0.613 912 0

(续表)

年份	叶面积指数 LAI	土壤含水量 SM
2018-06-16	4.134 537	0.615 906 8
2018-06-17	4.330 648 9	0.685 088 4
……		
2018-07-13	8.348 368	0.771 072 1
2018-07-14	8.746 527	0.775 444 3
2018-07-15	8.549 148	0.759 911 8

(三) 模型耦合方法

在作物模型与水肥模型耦合过程中,需要通过集成学习优化学习器参数,内部连接权值。针对耦合过程中的数据冲突问题,通过调节子学习器自身结构参数或群体学习器的融合权值来解决。

如图3-9所示,将WOFOST初级模型与水肥模型经过集成学习算法的耦合,建立初步的WOFOST耦合模型,将气象数据为主作为耦合连接点,其他数据为辅,调节结构参数和融合权值。将来自NASA的气象数据输入初步耦合成功的WOFOST模型,输出叶面积指数、土壤含水量以及总物质量。

由于多模型集成可以利用各个模型的优势,弥补彼此之间的不足,并通过模型之间的差异性来估算不确定性,融合多个模型的模拟结果与灌溉数据,可以得到更全面和准确的作物生长状态估测,提高小麦输出量预测的精度与可信度。此外,将集成预测结果引入同化方法中,进一步降低数据的不确定性的影响,提高小麦产量预测的模拟精度,其中表3-9、表3-10为模型初级耦合后的输出结果。

此次WOFOST引入融合SVR和K-means聚类算法的智能

第3章 基于集成学习的小麦多模型耦合

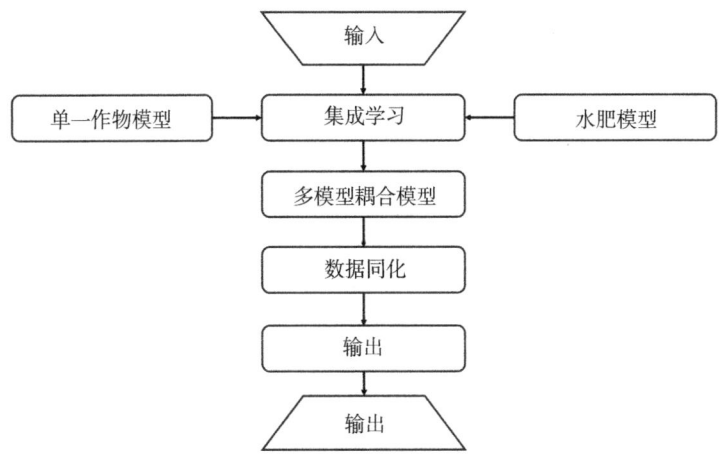

图 3-9 预测模型设计框架

水肥模型，在小麦快熟期提高水肥供应，LAI、TAGP 与 TWSO 都有提升，通过对器官干重大概推出小麦预测提升 50%。与往年相比预测效果提高，但依然存在不足。进而采用数据同化方式，将灌溉数据作为观测数据不断调整，实现作物生长模拟结果的更新与校正，最后输出较为理想的叶面积指数、土壤含水量和总物质量。

表 3-9 2006 年耦合作物输出主要信息

年份	叶面积指数 LAI	总生物量 TAGP	器官干重 TWSO	土壤含水量 SM
2006-04-05	0.000 693 6	0.408	0	0.311
2006-04-06	0.000 698 4	0.408	0	0.297 082 758
2006-04-07	0.000 703 6	0.408	0	0.294 192 417
……				
2006-06-17	2.202 547 912	1 997.184 218	658.080 847 9	0.454 089 36

(续表)

年份	叶面积指数 LAI	总生物量 TAGP	器官干重 TWSO	土壤含水量 SM
2006-06-18	2.411 341 108	2 215.963 114	664.461 146 4	0.446 980 76
2006-06-19	2.608 661 748	2 429.356 872	697.741 162 8	0.439 803 17
……				
2006-07-13	5.126 278 218	7 934.748 547	2 646.884 52	0.331 966 613
2006-07-14	5.110 636 654	8 175.164 993	2 851.238 56	0.324 450 265
2006-07-15	5.086 184 821	8 398.059 327	3 040.698 68	0.317 134 658
……				

表 3-10 2018 年耦合作物输出主要信息

年份	叶面积指数 LAI	总生物量 TAGP	器官干重 TWSO	土壤含水量 SM
2018-04-05	0.000 693 6	0.408	0	0.247 456 698
2018-04-06	0.000 718 433	0.422 607 688	0	0.398 214 286
2018-04-07	0.000 799 746	0.486 485 621	0	0.300 080 645
……				
2018-06-17	2.742 268 62	2 834.748 54	678.080 847 9	0.443 480 31
2018-06-18	2.847 817 93	3 275.164 993	734.461 146 4	0.444 015 53
2018-06-19	2.949 897 49	3 498.059 368	757.741 162 8	0.491 519 27
……				
2018-07-13	5.434 297 167	8 034.748 547	2 707.068 16	0.498 214 08
2018-07-14	5.642 286 757	8 275.164 993	2 909.086 16	0.490 929 62
2018-07-15	5.514 732 786	8 498.059 327	3 211.325 71	0.484 815 62
……				

如图 3-10 所示，2006 年初始作物模型与耦合水肥模型的

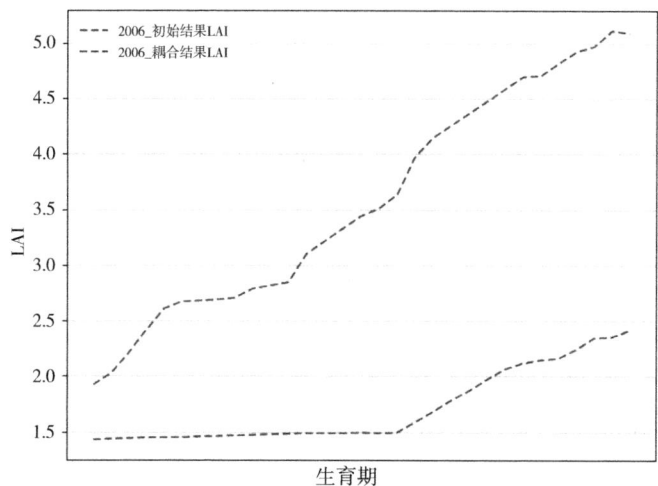

(a) 耦合前后的 LAI 对比

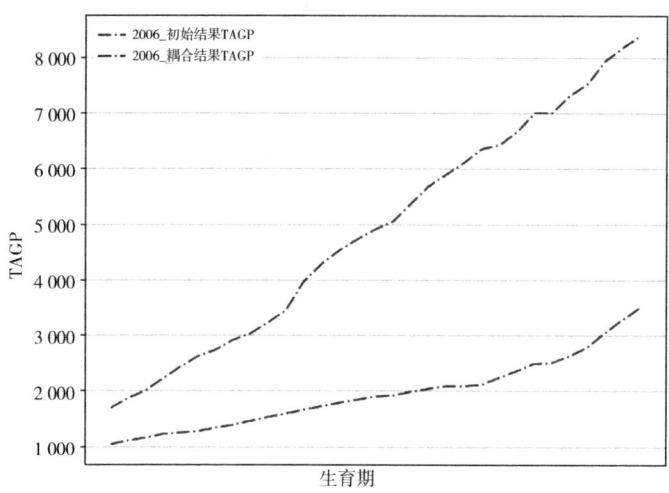

(b) 耦合前后的 TAGP 对比

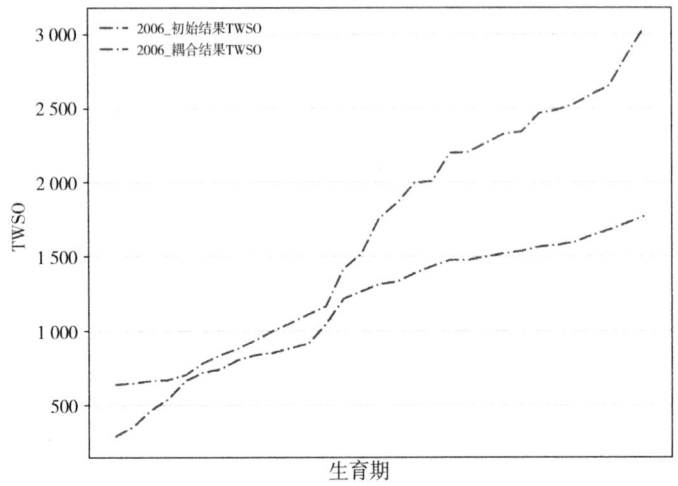

(c) 耦合前后的 TWSO 对比

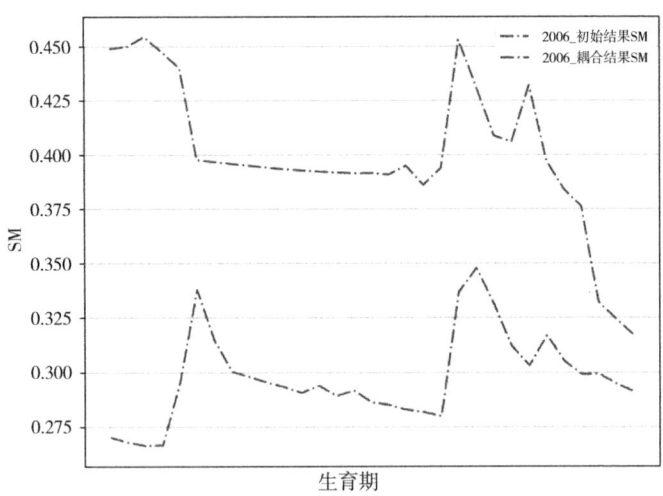

(d) 耦合前后的 SM 对比

图 3-10 2006 年耦合模型输出量与初始原模型输出结果对比

2006年小麦生长模型相比，叶面积指数、总物质量、器官干重均有较高幅度增长，由此可见，新的水肥模型加入提高作物模型的性能，在小麦的拔节期、抽穗期、开花期、快熟期即灌浆期以及成熟期这几个关键期中，把握最后的快熟期，增大水肥的投入，为小麦的增产增收打下基础。快熟期之前加大水肥的灌溉，不符合节水节肥的绿色理念，而在成熟期进行水肥灌溉，则容易出现烧苗现象，反而可能造成减产的影响，所以针对快熟期的水肥模型，有效实现模型的生物量正增长，并且土壤含水量保持在稳定高水平。

如图3-11所示，同理2018年初始作物模型与耦合水肥模型的2018年小麦生长模型相比，叶面积指数、总物质量、器官干重均有较高幅度增长，由此可见，新的水肥模型加入提高

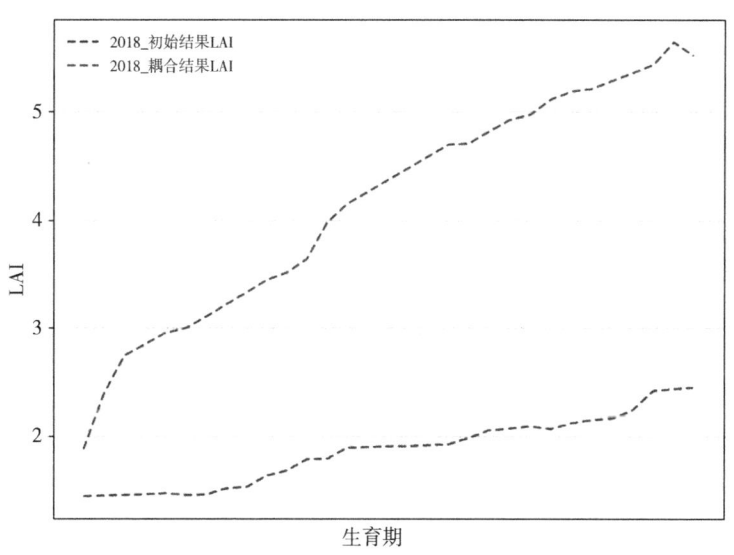

（a）耦合前后的LAI对比

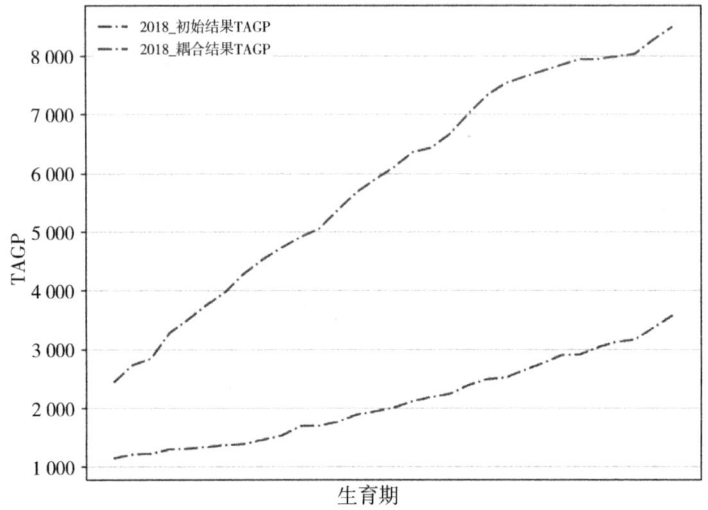

(b) 耦合前后的 TAGP 对比

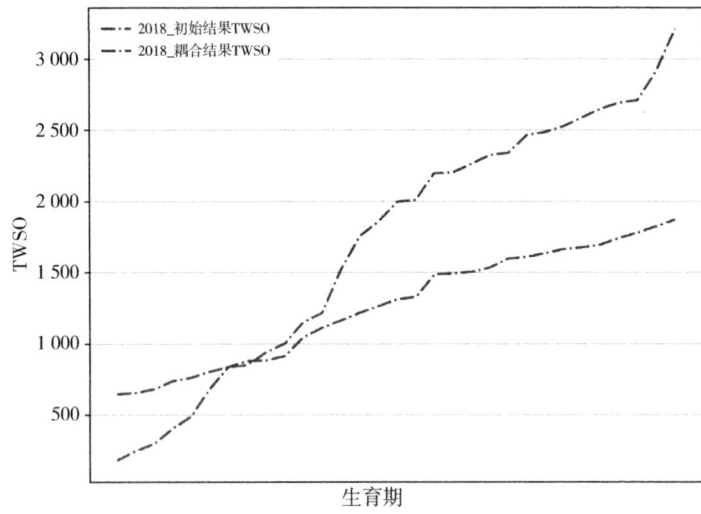

(c) 耦合前后的 TWSO 对比

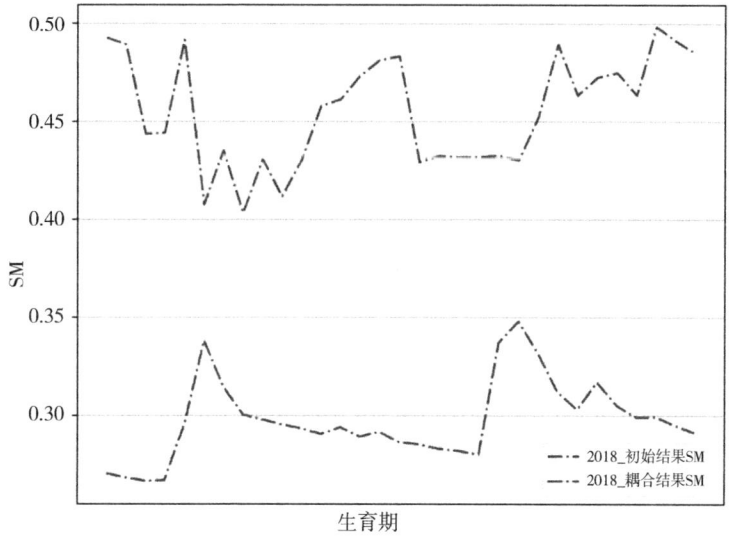

(d) 耦合前后的 SM 对比

图 3-11 2018 年耦合模型输出量与初始原模型输出结果对比

作物模型的性能,在小麦的拔节期、抽穗期、开花期、快熟期即灌浆期以及成熟期这几个关键期中,把握最后的快熟期,增大水肥的投入,为小麦的增产增收打下基础。

实验中,将 2006 年的气象数据分别输入初始小麦生长模型与小麦生长耦合模型中,通过气象数据的输入,获得小麦生长信息包括土壤含水量、叶面积指数、总物质量等输出。如图 3-12(a)所示,在没有外界施加的因素时,初始小麦生长模型体现作物根区水量以及土壤含水量的变化趋势,而引用水肥模型如图 3-12(d)所示,在 6—7 月时,水肥模型根据需要及时向作物根部补充水分,此时正值小麦快熟期,需水量旺盛,而及时灌溉提高了根区土壤水分和土壤中的总水分,保证小麦不会因高温和人为因素导致枯死减产，并且智能方式大大方便种植者的管理。

在精确的灌溉日期下，灌溉对于叶面积指数和储藏器官干重具有一定影响。如图3-13（a）所示，叶面积指数在完全没有灌溉时，在8月初有归零，意味着凋零。并且储藏器官干重也是拖到8月才达到峰值，缺水严重影响收割时间。不同的灌溉决策会影响小麦的生长。在灌溉小麦过程中，水的可用性是小麦产量潜在的限制因素。基于单一的小麦生长模型，通过气

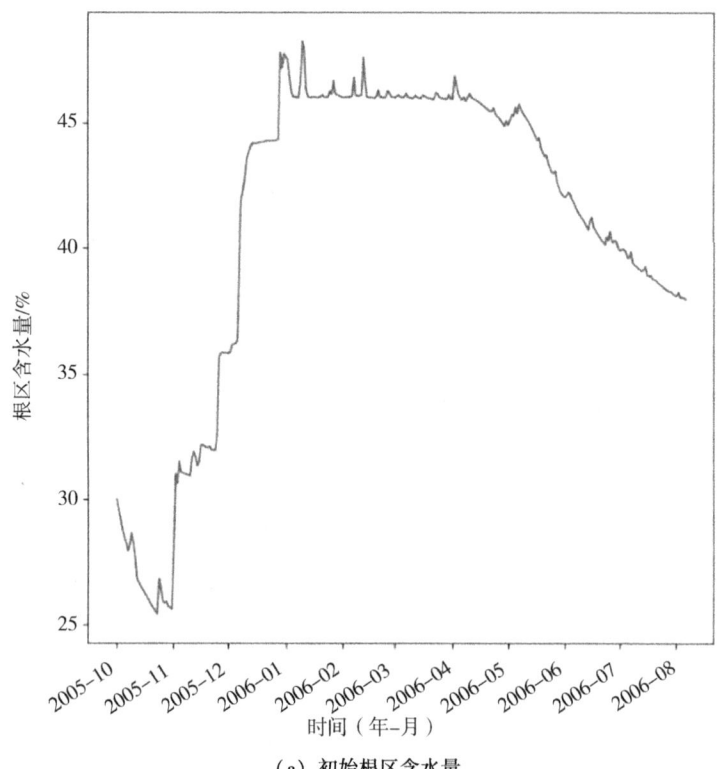

（a）初始根区含水量

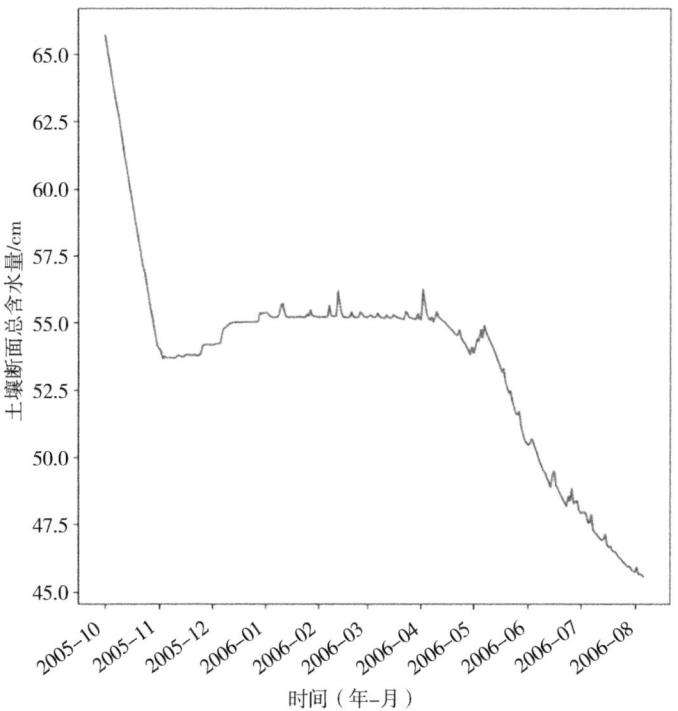

(b) 初始土壤含水量

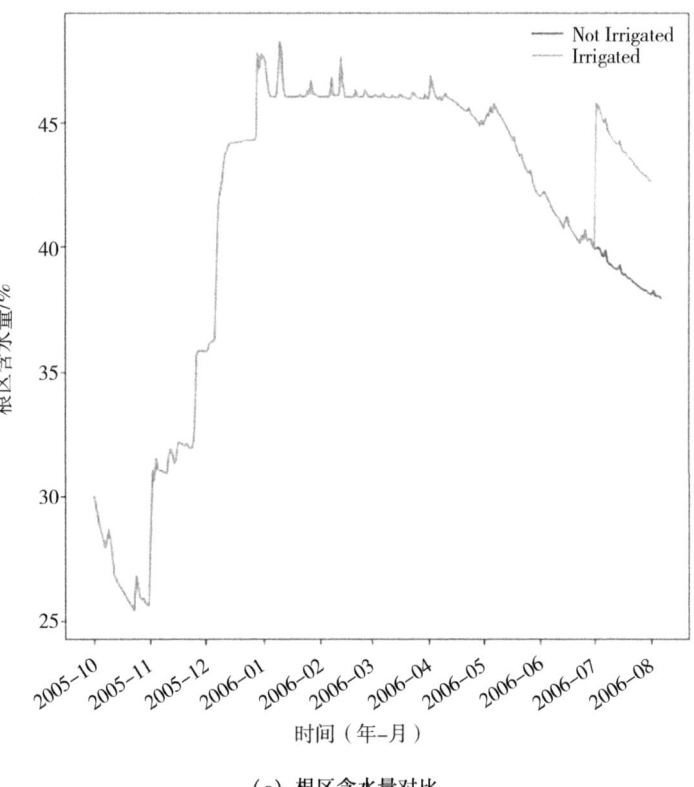

(c) 根区含水量对比

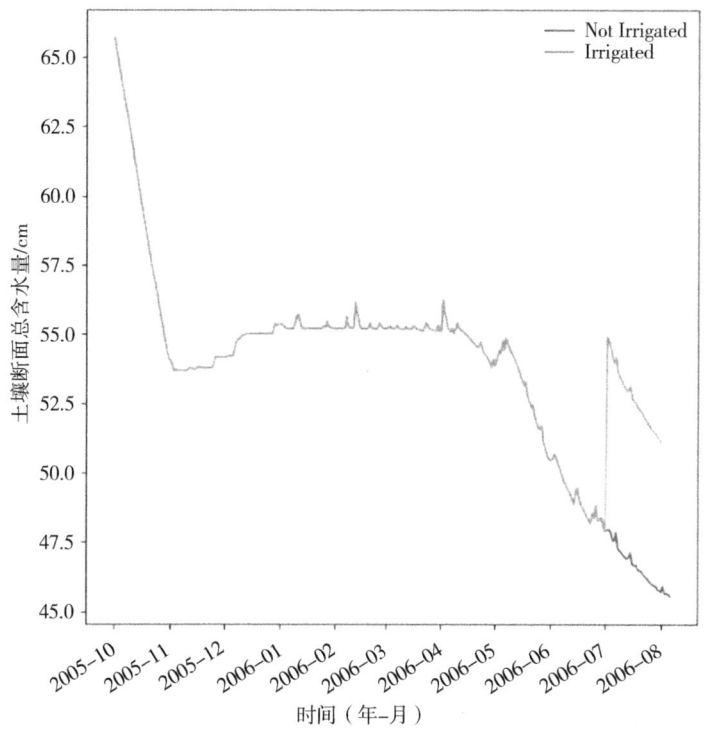

(d) 土壤含水量对比

图 3-12 2006 年作物耦合模型与初始原模型含水量对比

象等数据的输入,输出的叶面积指数与土壤含水量与实际相比有很大的误差,很难满足生长模型预测的需要,而引入水肥模型将有效展现了叶面积指数的走向以及土壤含水量的变化,如图 3-13(c)所示。叶面积指数轻松突破 LAI 为 1.0 的分界线,在水肥模型的加持下,原有的水肥模型影响预测精度,图

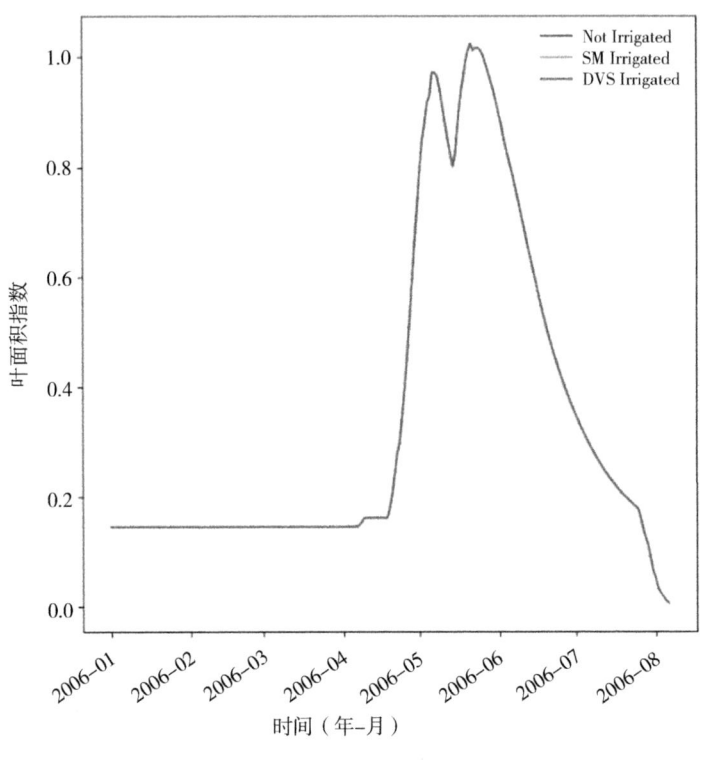

(a) 叶面积指数

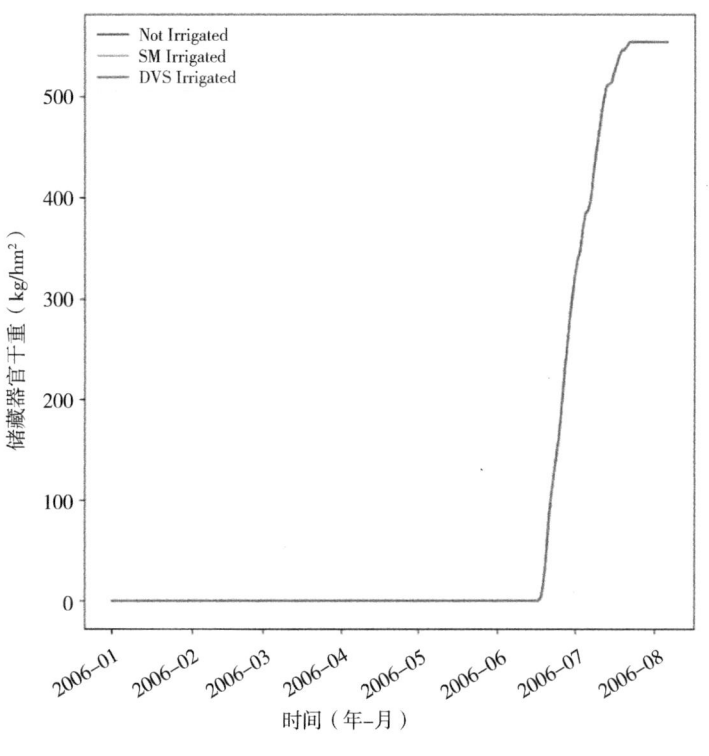

(b) 储藏器官干重

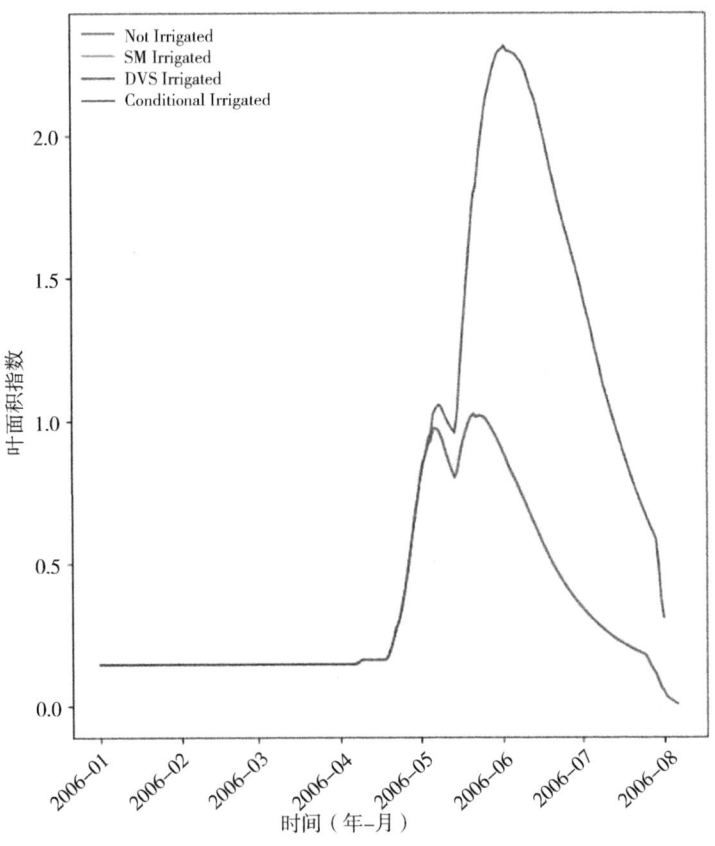

(c)耦合模型后叶面积指数

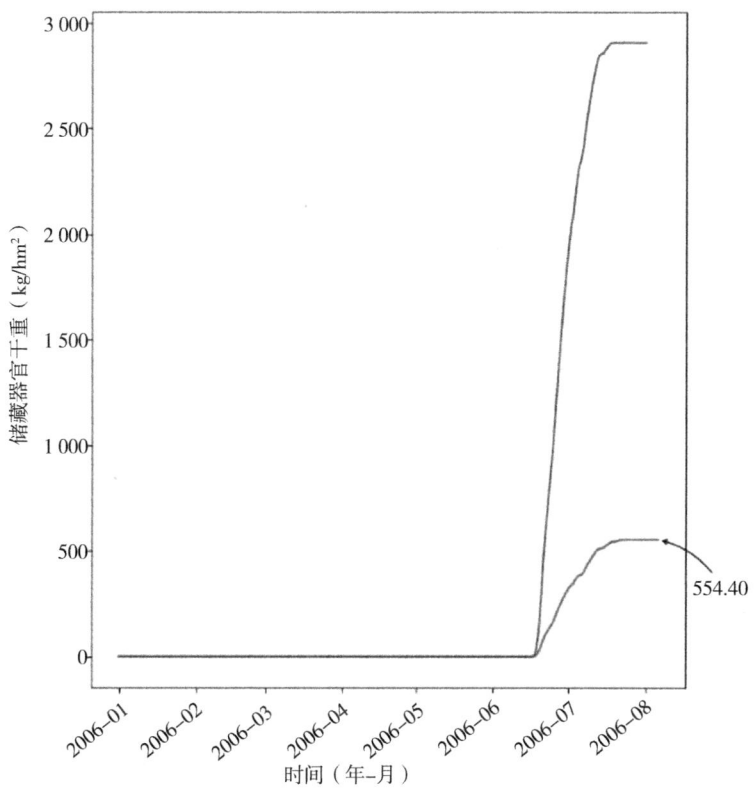

(d) 耦合模型后储藏器官干重

图 3-13　2006 年作物耦合模型与初始模型叶面积指数与储藏器官干重对比

3-13（b）展示的相当于小麦不受人为因素干扰，野外自然生长发育的储藏器官积累量，而图 3-13（d）展示新型水肥模型加入小麦生长模型，种植者在小麦各个生长关键阶段浇水施肥才积累足够的小麦器官干重，图像具象化描述并不断贴近现实生产活动，突显耦合模型的价值。

五、数据同化与同化结果

(一) 数据同化

数据同化系统一般由3个部分组成：作物生长模型、观测数据和数据同化算法。数据同化算法是数据同化系统的核心，将作物生长模型和观测数据进行耦合，直接影响着数据同化系统的运行效率和精度[53]。数据同化算法在过去的几十年里得到了快速的发展，在物理空间、时间上困难性与综合性的不足逐渐显现，有待进一步被完善。

目前主要的两类数据同化算法是：参数算法和滤波算法。参数优化方法是借助于全面同化窗口内观测数据来对模型参数进行调整的技术，主要用于优化难以获得的作物生长模型参数或初始条件，达到有效减小观测值与模型模拟值之间的差异。数据同化精度受到参数优化算法、遥感观测频率以及生育时期选择的密切影响。常见的参数优化算法包括单纯型搜索算法、最大似然法、复合型混合演化算法、Powell共轭方向法、粒子群算法、遗传算法、模拟退火法等；代价函数以均方根误差、最小二乘、三维变分、四维变分等形式为主。与参数优化方法不同，滤波算法将冠层的连续观测信息融入模型模拟中，每次后续的观测值仅会影响当前状态之后的模型变化。常见的滤波方法包括集合卡尔曼滤波和粒子滤波算法等。研究表明，在短同化窗口内，滤波算法在分析精度方面表现较好，而在较长同化窗口时，参数优化算法和滤波算法具有相似的准确性。然而，滤波算法的同化性能也受到遥感观测质量、模型结构以及观测不确定性的影响。在数据同化算法研究中，滤波算法在同化叶面积指数方面可能会导致"物候漂移"现象，同化精度受到不同程度的影响。

小麦生长模型通过优化初始条件和状态变量可以改善模拟

结果的准确性，但数据同化系统的不确定性不仅仅来自上述因素。采用滤波将冠层的连续观测信息融入模型模拟中，每次后续的观测值仅会影响当前状态之后的模型变化，在短同化窗口内，滤波算法在分析精度方面表现较好，滤波算法的同化性能也受到观测质量、模型结构以及观测不确定性的影响，对于初步耦合成功的 WOFOST 模型，模型参数调整没达到耦合模型适配度最优，采用数据同化方法可将模型参数调优，并能够有效减小观测值与模型模拟值之间的差异。

在数据同化中，生育时期、生物量、叶面积指数和蒸散量等被广泛作为状态变量，单一状态变量的校准往往不能完全解决数据同化系统的不确定性和误差[54]。因此，通过校准多个状态变量，如叶面积指数、生物量、冠层覆盖度和土壤湿度等，来提高数据同化系统的准确性和稳定性。评估数据同化系统对小麦产量估测的性能试验中发现，包含开花期和灌浆期组合的数据同化，能实现稳定的小麦产量估测。

在模型参数标定的基础上，EnKF 方法通过将 LAI 信息纳入模型模拟，算法同时考虑模型的模拟误差和观测误差，减少模型状态变量的误差，从而提高模型模拟的准确性。作物模型输入的气象驱动数据假定作物在一定的范围内是均匀一致的分布，只能在较大尺度的模拟。气象数据的引入可以改善模型对不均一的空间分布（异质性）的模拟。集合卡尔曼滤波（EnKF）以其公式简洁、计算效率高以及能够有效捕捉作物生长模型的非线性和高维特性而在数据同化算法中脱颖而出。EnKF 是对卡尔曼滤波方法的扩展，由 Geir Evensen 引入数据同化领域。该方法的核心在于，在模型运行的过程中，利用观测数据和模型预测数据结合误差估计进行加权，以此得到新的状态估计值。这个新的状态值随后被用于模型状态的更新，并继续模型的前向运行，直到接收到新的观测数据，再次进行状

态更新,如此循环直到整个过程完成。EnKF 主要由两部分组成:预测方程和更新方程。模型预测方程定义为:

$$\widehat{x_t} = F_t \widehat{x_{t-1}} + B_t \vec{u_t} \qquad (3-11)$$

$$P_t = F_t P_{t-1} F_t^T + Q_t \qquad (3-12)$$

式中: $\widehat{x_t}$ 和 P_t 表示模型在 t 时刻的模拟状态期望及协方差; F_t 表示模型运动方程,通过当前状态预测下一状态; B_t 为控制矩阵; $u \rightarrow_t$ 称为控制向量;表示外部对系统施加的控制; Q_t 为系统噪声。更新方程是计算估计值与实测值之间权重的过程,定义为:

$$\widehat{x_t'} = \widehat{x_t} + K'(\vec{z_t} - H_t \widehat{x_t}) \qquad (3-13)$$

$$\widehat{P_t'} = P_t + K' H_t P_t \qquad (3-14)$$

$$K' = P_t H_t^T (H_t P_t H_t^T + R_t)^{-1} \qquad (3-15)$$

$\widehat{x_t'}$ 和 $\widehat{P_t'}$ 同化观测值和模拟值更新后的状态期望和协方差的最佳估计值。K' 卡尔曼增益,K' 越小则同化结果偏向于估计值,K' 越大则偏向于测量值。H 是观测算子,目的是把模型的状态转换到测量空间,由于模型模拟 LAI 与观测的 LAI 具有相同的状态空间,因此设置为单位矩阵。$z \rightarrow t$ 为测量值,R_t 表示观测值的测量噪声,符合高斯分布,与观测噪声和精度有关。

WOFOST 模型的叶面积指数(LAI)模拟精度受到模型参数设置的显著影响,同时气象数据反演的 LAI 值也存在误差。通过应用集合卡尔曼滤波(EnKF)算法,可以整合这两方面的信息,从而提高模型对 LAI 的模拟精度,进一步增强模拟过程的整体准确性。在进行作物生长模型的敏感性分析和参数标定。

(二) 同化结果（表3-11、表3-12）

表3-11 2006年作物同化输出主要信息

年份	叶面积指数 LAI	总生物量 TAGP	器官干重 TWSO	土壤含水量 SM
2006-04-05	0.000 693 6	0.408	0	0.311
2006-04-06	0.000 698 4	0.408	0	0.297 082 758
2006-04-07	0.000 703 6	0.408	0	0.294 192 417
……				
2006-06-17	2.447 274 447	2 219.093 575	731.200 942 1	0.504 543 73
2006-06-18	2.679 267 897	2 462.181 237	738.290 155 5	0.496 645 28
2006-06-19	2.898 513 528	2 699.285 413	775.267 957 7	0.488 670 18
……				
2006-07-13	5.695 864 44	8 816.387 22	2 940.982 44	0.368 851 255 5
2006-07-14	5.678 485 16	9 083.515 55	3 168.042 84	0.360 500 294 4
2006-07-15	5.651 315 55	9 331.177 02	3 378.554 08	0.352 371 842 2

表3-12 2018年作物同化输出主要信息

年份	叶面积指数 LAI	总生物量 TAGP	器官干重 TWSO	土壤含水量 SM
2018-04-05	0.000 693 6	0.408	0	0.247 456 698
2018-04-06	0.000 718 433	0.422 607 688	0	0.398 214 286
2018-04-07	0.000 799 746	0.486 485 621	0	0.300 080 645
……				
2018-06-17	3.046 888 8	2 927.497 7	678.080 847 9	0.492 755 8
2018-06-18	3.164 233 3	3 594.626 6	734.461 146 4	0.493 356 6
2018-06-19	3.277 655 5	3 998.059 327	944.288 1	0.546 122 2
……				

(续表)

年份	叶面积指数 LAI	总生物量 TAGP	器官干重 TWSO	土壤含水量 SM
2018-07-13	6.038 107	8 927.498 37	3 007.853 51	0.553 571 1
2018-07-14	6.269 258	9 194.627 77	3 232.317 88	0.545 466 6
2018-07-15	6.127 488	9 442.288 13	3 568.139 66	0.538 683 3

同化实验中，选择了对 LAIMAX 敏感度高的参数，如 SLATB-0.0、TBASE、SLATB-0.78 和 TSUM1，以这些参数标定的值为基准，性能提升 10%，对其余参数采用标定值，并依据高斯分布生成一系列参数集，作为模型的输入值。这一过程揭示了模型参数变化对 LAI 模拟值的显著影响，通常模拟的 LAI 值相较于观测值要偏高。这种现象表明，在数据同化过程中，即便是作物生长模型中的敏感参数发生微小的变化，也会对反演结果造成显著影响，导致模拟的 LAI 值与观测值存在偏差。通过运用集合卡尔曼滤波算法并将观测 LAI 值纳入考虑，可以使模拟数据更接近于实际观测数据，显著减少 LAI 模拟的不确定性。通过同化，LAI 的日均值更新了 WOFOST 模型中的 LAI 模拟值。器官干重相当于麦穗的干重，通过选取同化后的 2006 年、2018 年相对的同化之前的 2006 年与 2018 年，小麦产量分别提升 9.8% 和 10.4%。

单一作物模型中，以气象数据作为输入，输出的叶面积指数与土壤含水量与实际相比有很大的误差，很难满足模型的需要，而引入灌溉模型可有效展现叶面积指数的走向以及土壤含水量的变化。如图 3-14 与图 3-15 对比，体现多模型集成可以利用各个模型的优势，弥补彼此的不足，并通过模型之间的差异性来估算不确定性。在数据同化系统中，通过融合多个模型的模拟结果和灌溉模型，可以得到更全面和准确的作物生长状态估测,提高作物产量预测的精度和可信度。

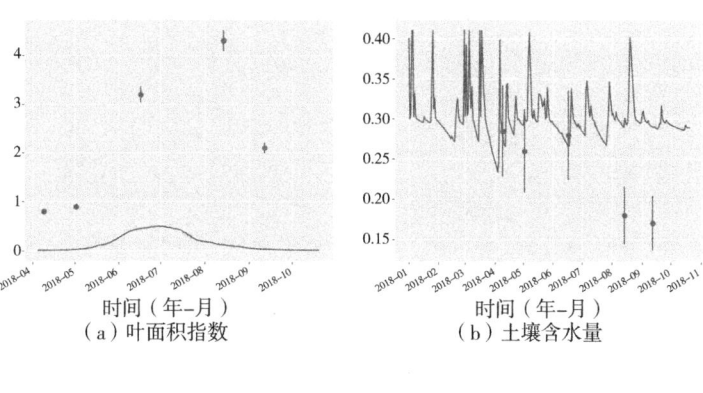

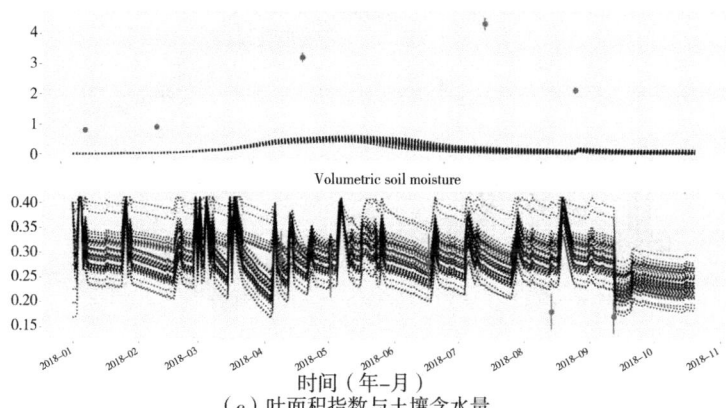

图3-14 2018年小麦产量的数据同化

对 WOFOST 模型参数敏感性分析的基础上,将标定的数值作为参照,采取数据同化优化耦合模型内参数值以提高产量的模拟准确性。敏感性分析结果表明,对于 LAIMAX 和 TWSO 的敏感参数主要有叶面积(SLATB-0.0、SLATB-0.78)和温

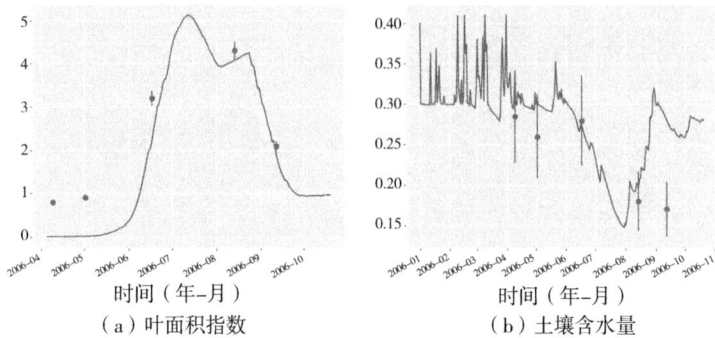

(a) 叶面积指数

(b) 土壤含水量

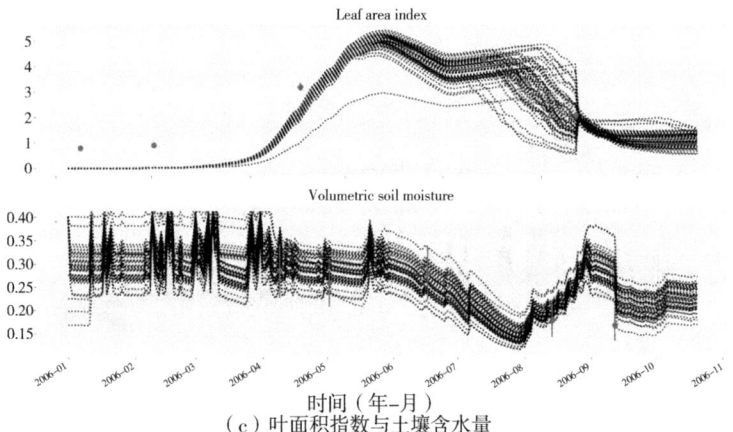

(c) 叶面积指数与土壤含水量

图 3-15　2006 年小麦产量的数据同化

度（TBASE 和 TSUM1），参数标定直接影响 LAI 的大小，而叶片通过光合作用积累干物质量，最终储藏在器官麦穗里。这些参数对于小麦生长和产量具有较大的影响，且相较之前小麦耦合模型，优化后的模型性能得到提升。

参考文献

[1] 刘秋霞,吴汉卿,黄正来.基于全球文献计量的小麦响应气候变暖的研究[J].中国农学通报,2019,35(23):142-151,25-27.

[2] 赵凯.小麦种植过程中的施肥技术应用要点[J].农家参谋,2022(19):34-36.

[3] 闫玲.基于CERES-Wheat模型的小麦生长发育过程模拟研究[D].西安:西北农林科技大学,2020.

[4] 王鹏宇.基于遗传算法优化DSSAT模型的广西地区甘蔗亏缺灌溉的研究[D].邯郸:河北工程大学,2022.

[5] 李书钦.小麦生长模拟模型与三维可视化技术研究[D].北京:中国农业科学院,2017.

[6] 肖浏骏,刘蕾蕾,邱小雷,等.小麦生长模型对拔节期和孕穗期低温胁迫响应能力的比较[J].中国农业科学,2021,54(3):504-521.

[7] 张红英,李世娟,诸叶平,等.小麦作物模型研究进展[J].中国农业科技导报,2017,19(1):85-93.

[8] 张玲.基于遥感与模型耦合的区域小麦生长监测预测研究[D].南京:南京农业大学,2015.

[9] 黄彦,朱艳,王航,等.基于遥感与模型耦合的冬小麦生长预测[J].生态学报,2011,31(4):1073-1084.

[10] 姚桃峰,王润元,王燕.中国小麦生长模拟模型研究概述[J].干旱气象,2009,27(1):66-72.

[11] 魏帅.基于DSSAT模型的冬小麦水肥耦合模拟研

究[D]. 济南市：济南大学, 2021.

[12] 王霞, 张长来. 水肥耦合对新麦 26 号生长和产量的影响[J]. 现代农业, 2019 (8)：18-19.

[13] 陈环宇, 贾春青, 胡赵华, 等. 水肥耦合对黄河三角洲盐碱地小麦形态特征生理特性及产量的影响[J]. 青岛农业大学学报（自然科学版）, 2017, 34 (2)：107-115.

[14] 王龙强. 考虑水肥耦合的冬小麦灌溉制度多目标优化[D]. 河北：河北农业大学, 2014.

[15] 张鑫琪, 王迎宾, 郝兴宇, 等. 不同耕作方式对旱地小麦生长发育、生理代谢及产量的影响[J]. 激光生物学报, 2022, 31 (3)：278-288.

[16] 顾国俊, 季仁达, 吴传万. 水肥耦合对小麦产量的影响研究[J]. 园艺与种苗, 2012 (1)：11-13.

[17] 邓利梅, 陈晓芬, 汪璇, 等. 水肥耦合对紫色土中小麦肥料减施效应的影响[J]. 中国农学通报, 2022, 38 (24)：51-55.

[18] JERZY B, STEFANOWSKI J. Neighbourhood sampling in bagging for imbalanced d ata [J]. Neurocomputing, 2015, 150：529-542.

[19] ZHANG L, SUGANTHAN P N. Random forests with ensemble of feature space [J]. Pattern Recognition, 2014, 47 (10)：3429-3437.

[20] RODRIGUEZ J, KUNCHEVA L, ALONSO C. Rotation forest：a new classifier ens emble method [J]. IEEE Transactionson Pattern Analysis and Machine Intelligence, 2006, 28 (10)：1619-1630.

[21] UO C, WANG Z, ZHANG J, et al., Locating facial

landmarks using probabilistic random forest [J]. IEEE Signal Processing Letters, 2015, 22 (12): 2324-2328.

[22] TANG C, GARREAU D, VON LUXBURG U. When do random forests fail [C] // Advances in Neural Information Processing Systems. Berlin: Springer, 2018: 2983-2993.

[23] GAO W, XU F, ZHOU Z. Towards convergence rate analysis of random forests for classification [J]. Artificial Intelligence: An International Journal, 2022, 313: 103788.

[24] LAYEGHIAN J S, SEPEHRI M M, LAYEGHIAN J M, et al., An intelligent warnin g model for early prediction of cardiacarrest in sepsis patients [J]. Computer Methods and Programsin Biomedicine, 2019, 178: 47-58.

[25] LEDEZMA A, ALER R, SANCHIS A, et al., Ga - stacking: evolutionary stacked gene ralization [J]. Intelligent Data Analysis, 2010, 14 (1): 89-119.

[26] SHUNMUGAPRIYA P, KANMANI S. Optimization of stacking ensemble configurat ions through artificial bee colony algorithm [J]. Swarm and Evolutionary Computation, 2013 (12): 24-32.

[27] SENG Z, KAREEM S A, VARATHAN K D. A neighborhood undersampling stacked ensemble (NUS-SE) in imbalanced classification [J]. Expert Systems with Applications, 2021, 168: 114246.

[28] PADILHA C A, BARONE D A C, NETO A D D. A multi-level approach using genetic algorithms in an ensemble of least squares support vector machines [J]. Knowledge-Based Systems, 2016, 106: 85-95.

[29] HUANG T, DUAN D T, GONG Y J, et al., Concurrent optimization of multiple base learners in neural network ensembles: an adaptive niching differential evolution appro ach [J]. Neurocomputing, 2020, 396: 24-38.

[30] CHEN H, YAO X. Multiobjective neural network ensembles based on regularized negative correlation learning [J]. IEEE Transactions on Knowledge and Data Engineering, 2010, 22 (12): 1738-1751.

[31] EKBAL A, SAHA S. A multiobjective simulated annealing approach for classifier ensemble: named entity recognition in indian languages as case studies [J]. Expert Systems with Applications, 2011, 38 (12): 14760-14772.

[32] 盛伟国, 单鹏霄. 一种基于小生境的负相关神经网络集成算法 [J]. 浙江工业大学学报, 2016 (5): 482-486.

[33] JIN Y, OKABE T, SENDHOFF B. Neural network regularization and ensembling using multi-objective evolutionary algorithms [C] // Proceedings of the 2004 Congress on Evolutionary Computation. Piscataway: IEEE Press, 2004, 1-8.

[34] OBO T, KUBOTA N, LOO C K. Evolutionary ensem-

ble learning of fuzzy randomized neural network for posture recognition [C] //Proceedings of the 2016 World Automatio n Congress. Piscataway: IEEE Press, 2016, 1-6.

[35] SMITH C, JIN Y. Evolutionary multi-objective generation of recurrent neural network ensembles for time series prediction [J]. Neurocomputing, 2014, 143: 302-311.

[36] MINKU L L, YAO X. An analysis of multi-objective evolutionary algorithms for training ensemble models based on different performance measures in software effort esti mation [C] //Proceedings of the 9th International Conference on Predictive Models in Soft ware Engineering, 2013, 1-10.

[37] NAG K, PAL N R. A multiobjective genetic programming - based ensemble for simultaneous feature selection and classification [J]. IEEE Transactions on Cybernetics, 2015, 46 (2): 499-510.

[38] MIN S H. A genetic algorithm-based heterogeneous random subspace ensemble model for bankruptcy prediction [J]. International Journal of Applied Engineering Research, 2016, 11: 2927-2931.

[39] LIU W, WU W, WANG Y, et al., Selective ensemble learning method for belief-rule-base classification system based on PAES [J]. Big Data Mining and Analytics, 2019, 2 (4): 306-318.

[40] FACELI K, DE CARVALHO A C, DE SOUTO M C. Multi-objective clustering ensemble [J]. Interna-

tional Journal of Hybrid Intelligent Systems, 2007, 4 (3): 145-156.

[41] LIU R, LIU Y, LI Y. An improved method for multi-objective clustering ensemble algorithm [C] //Proceedings of the 2012 IEEE Congress on Evolutionary Computation. Piscataway: IEEE Press, 2012, 1-8.

[42] CHEN Y, YANG B, ABRAHAM A. Flexible neural trees ensemble for stock index modeling [J]. Neurocomputing, 2007, 70 (4-6): 697-703.

[43] 任克强, 高晓林, 谢斌. 基于AFSA和PSO融合优化的Ada Boost人脸检测算法 [J]. 小型微型计算机系统, 2016, 37 (4): 861-865.

[44] REN K Q, GAO X L, XIE B. Ada Boost face detection algorithm based on fusion optimization of AFSA and PSO [J]. Journal of Chinese Computer Systems, 2016, 37 (4): 861-865.

[45] DAI H, SHENG W. A multi-objective clustering ensemble algorithm with automatic k-determination [C] //Proceedings of the 2019 IEEE 4th International Conference on Cloud Computing and Big Data Analysis. Piscataway: IEEE Press, 2019, 333-337.

[46] YOON H S, AHN S Y, LEE S H, et al., Heterogeneous clustering ensemble method for combining different cluster results [C] //Proceedings of the International Workshop on Data Mining for Biomedical Applications. Heidelberg: Springer-Verlag, 2006, 82-92.

[47] WANG Y, LIU X, XIANG L. Ga-based membrane

evolutionary algorithm for ensemble clustering [J]. Computational Intelligence and Neuroscience, 2017, 2017. 152-163.

[48] LUO H, JING F, XIE X. Combining multiple clusterings using information theory based genetic algorithm [C]//Proceedings of the 2006 International Conference on Computational Intelligence and Security. Piscataway: IEEE Press, 2006: 84-89.

[49] 谢文霞, 王光火, 张奇春. WOFOST 模型的发展及应用 [J]. 土壤通报, 2006 (1): 154-158.

[50] DE WIT A, BOOGAARD H, FUMAGALLI D, et al., 25 years of the WOFOST cropping systems model [J]. Agricultural Systems, 2019, 168: 154-167.

[51] 何亮, 侯英雨, 赵刚, 等. 基于全局敏感性分析和贝叶斯方法的 WOFOST 作物模型参数优化 [J]. 农业工程学报, 2016, 32 (2): 11.

[52] 许婕. 融合 SVR 和 K-means 聚类算法的智慧农业大棚智能灌溉研究 [J]. 自动化与仪器仪表, 2023 (11): 108-112.

[53] 孙妍. MODISLAI 与作物生长模型同化方法研究 [D]. 长春: 中国科学院研究生院（东北地理与农业生态研究所）, 2012.

[54] 黄健熙, 黄海, 马鸿元, 等. 遥感与作物生长模型数据同化应用综述 [J]. 农业工程学报, 2018, 34 (21): 144-156.

第4章　冬小麦需水量的预测方法

一、绪言

(一) 研究背景和意义

据调查,全世界有35%~40%的人以小麦为食[1]。冬小麦是新疆主要粮食作物,新疆地区水分蒸发量较大,冬小麦需水灌溉的供需矛盾依然突出。据调查,2021年全国用水总量为5 920.2亿立方米,其中农业用水为3 644.3亿立方米,与2020年相比,农业用水增加了31.9亿立方米,农田灌溉水有效利用系数为0.568,这表明农业水资源面临着极大的浪费[2]。因此,对农作物需水量进行预测并合理给水是解决水资源浪费的有效途径。水资源的合理预测涉及气象、水文、计算机技术等因素[3],优化及精准的需水量预测模型在节水灌溉方面具有重要的理论及实际应用价值[4]。蒸散是小麦消耗水资源的主要方式,消耗的水资源约占总体水资源的99%,因此,可以根据小麦蒸散水分消耗,预测小麦对水资源的需求[5]。

作物需水量是作物生长过程中的重要影响因素之一,目前对于农作物需水量的研究主要分为蒸散量计算和机器学习预测。主流的预测模型有时间序列法[6]、多元线性分析法、动力学、灰色系统理论[7]和人工神经网络[8]。随着算法不断深入研究,在需水量预测方面人工神经网络有着不可替代的地位,使得预测结果更加精准、合理[9]。

(二) 小麦需水量预测模型研究现状

作物需水量研究方法很多,其中国际公认的是 Penman-Monteith 计算公式[10]。Penman-Monteith 公式分为两部分,一部分是 E_{T0} 蒸散量,它是根据自变量温度、风速、净辐射和相对湿度、饱和水汽压等因素进行推断[11];另一部分是 Kc 小麦作物系数,不同时期小麦生长的作物系数不同,通过这两部分推断出不同时间段的作物需水量。以 Penman-Monteith 公式计算得到的作物需水量为依据,国内外不同学者采用各类方法、模型来对其进行预测分析。在机器学习的预测方法中,李志新等[12]以日序数、日照时数、日均温度等作为输入因子,采用 GA-Elman 神经网络和随机选取方式来对作物需水量进行预测。张明岳等[13]提出了基于改进的 Elman 神经网络算法模型,将神经网络和模糊控制进行结合,将气象数据计算得到的蒸散量作为真实需水量使用算法进行预测研究。刘婧然等[14]将冠层温度和气温因素作为输入因子,采用 GA-SVM 模型来对青椒作物需水量进行预测,加入冠层温度可以有效地提高模型的预测精准度。邓皓等[15]针对气温、气压和相对湿度等因子之间的非线性关系,对核桃作物提出了一种 MIV-MEA-Elman 模型。孟玮等[16]对于苹果需水量的预测应用径向基神经网络进行研究,由于径向基神经网络对数据有较高的要求和依赖,数据量少或者不充足的时候该神经网络无法有效进行预测。孙博瑞[17]设计了一款智能灌溉系统,通过气象数据作为特征输入向量,构建 LSTM 神经网络完成对需水量预测,实现智能灌溉的目的。谢家兴等[18]构建 LSTM 神经网络模型,通过气象数据完成对柑橘需水量进行预测,对比其他机器学习模型,LSTM 模型预测效果更为精确。商志根等[19]对作物需水量预测方法采用 LS-SVM，由于其在建模过程中并未将日照时数考虑进去，故研究精度有待完善。刘洪山等[20]将空气湿度、土壤含水率和光照强度这三个变量因子作为输入，利用遗传算法和 BP 神经网络建立 GA-BP 神经网络模型来对果园需水量进行预测。马淋军等[21]使用构建 BP 神经网络对作物需水量进行预测，但由于其在 MATLAB 软件进行建模，导致预测模型无法移植，无法真正应用到上位机使用。此外，夏泽豪等采用灰度模型[22]、王景雷等[23]采用贝叶斯模型方法对作物需水量进行预测。

上述方法未将降水量作为输入因子进行考量，若考虑降水条件，水资源的需求量将略有不同。人工神经网络在处理非线性数据和多因素数据输入时，有很强的计算能力和较快的反应速度。冬小麦需水量影响因素很多，因此，使用人工神经网络对需水量进行预测是一种较为合适的方法，可有效提高预测精度。

Penman-Monteith 公式通过气象数据可以计算作物需水量，但存在大量气象信息难以准确获取的问题，且使用 Penman-Monteith 公式适于通过历史数据进行需水量的统计，而基于机器学习的预测模型，在数据的学习与预测方面更具优势。卷积神经网络具有良好的泛化能力，通过卷积层和池化层可以实现特征提取和降维操作，便于数据的快速处理。BiLSTM 模型能够根据历史变化趋势，动态地对未来时间进行数据预测。本研究将 Penman-Monteith 公式计算出的冬小麦需水量作为冬小麦需水量真实值，将日均温度、风速、湿度和降水量四个影响因子作为输入变量，在 BiLSTM 基础上加入卷积操作，用于对冬小麦需水量进行预测，并提出基于 CNN-BiLSTM 需水量预测方法；同时采用 RNN、BP 神经网络、LSTM、改进的多层 LSTM、BiLSTM 模型对小麦需水量进行对比、分析。通过少量特征参数、多种机器学习模型对冬小麦需水量进行预测,旨在降低小麦需水量预测过程对气象数据的依赖,增加其预测结果的鲁棒性。实验表明,CNN-BiLSTM模型对冬小麦需水量的预测具有更高的准确率,这为其他作物需水量预测提供了借鉴意义。

二、小麦需水量影响因素及计算

(一) 气象影响因素

气象影响因素是决策小麦需水量时考虑的主要因素,由Penman-Monteith公式可计算出小麦蒸散量[25]。该公式的核心优势在于,可以仅仅依靠常规气象观测站(无须特殊设备)即可普遍获取的温度、湿度、风速和日照等基础气象数据,结合标准化的参考作物定义,就能较为精确地推算出作物需水量,具有较高的普适性和实用价值。在应用该方法时,计算所得的小麦参考作物蒸散量(即参考需水量,E_{T0}),通常被视作表征小麦真实需水量的可靠基础指标。通过引入实际作物系数(Kc)对 E_{T0} 进行修正,可进一步估算特定田间条件下的小麦实际蒸散量。

(二) 作物影响因素

由于不同作物自身特性及受气象因素影响,因此在不同生长阶段的需水量是不同的。对于小麦作物,其影响因素主要包括气象因素和自身特性,其生长阶段大致分为七个阶段,即播种期、越冬期、返青期、拔节期、抽穗期、灌浆期、成熟期,通过对不同阶段生长系数的研究,确定其作物系数 Kc[26],通过 Penman-Monteith 公式确定 E_{T0},通过作物系数确定 Kc,小麦真正需水量由这两部分确定,根据作物系数 Kc 和参照蒸发量 E_{T0} 来计算小麦需水量,计算公式如(4-1)所示:

$$E_T = Kc \cdot E_{T0} \qquad (4-1)$$

小麦生长周期和作物系数表如表4-1所示。

表4-1 小麦作物系数表

生长时期	播种期	越冬期	返青期	拔节期	抽穗期	灌浆期	成熟期
时间	9月到10月上旬	10月上旬到翌年1月	2月到3月上旬	3月上旬到4月上旬	4月上旬到4月底	5月上旬到5月下旬	5月下旬到6月上旬
作物系数	0.64	0.59	0.78	0.88	1.00	1.17	0.81

作物系数 Kc 是反映作物需水特性的关键参数，对于小麦而言，在不同生长阶段的 Kc 值具体表现为：播种期为0.64、越冬期为0.59、返青期为0.78、拔节期为0.88、抽穗期为1.00、灌浆期为1.17、成熟期为0.81。小麦作物系数如图4-1所示。

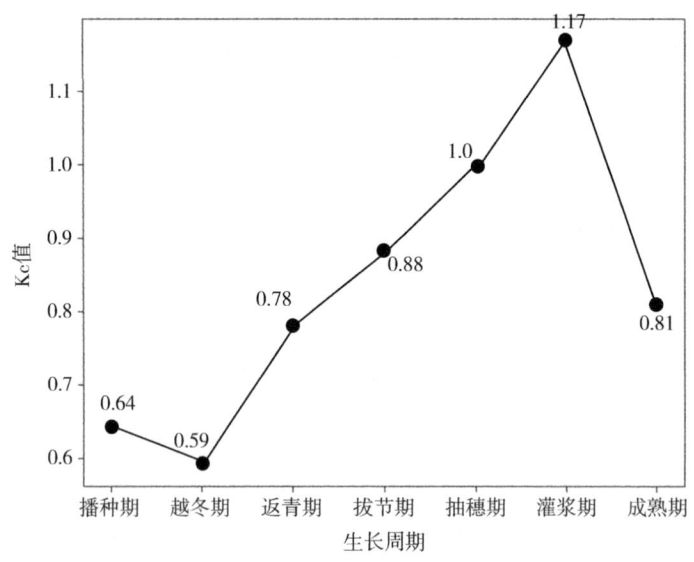

图4-1 作物系数 Kc

(三) 数据来源

实验数据选取自新疆昌吉回族自治州奇台县,该地区的地理坐标为 89°13′E~91°22′E,42°25′N~45°29′N,海拔约 4 014 米,数据涵盖了近 5 年的气象观测记录。所选气象数据包括日最高温度、日最低温度、2 m 处的压强、2 m 处平均风速、日照时长、湿度、饱和水汽压等核心气象因子,这些变量共同反映了环境变化对农业活动的潜在影响。为了深入分析降水量对作物需水量的具体影响,降水量被纳入预测指标,具体选取每日 00:00 到次日 00:00 的累计降水量作为关键输入,以记录的日降水变化特征。样本数据如表 4-2 所示,详细展示了相关变量的统计信息。

表 4-2 样本数据表

日期	日均温度/℃	相对湿度(%)	风速(m/s)	压强(pa)	日照时长(h)	降水量(mm)
2018/9/1	15.5	57.9	2	762.9	10.7	0
2018/9/2	17.5	52.9	1.7	759.8	9.7	0
2018/9/3	15.4	50.6	3.9	764.3	9.3	0
……	……	……	……	……	……	……
2019/10/1	11.2	63.6	1.7	766.5	8.4	0
2019/10/2	6.8	64	2.1	770.5	7.1	0
2019/10/3	8.	56.4	1.1	770.6	8.1	0
……	……	……	……	……	……	……
2020/11/1	2.8	59.6	1.7	774.8	5.7	0
2020/11/2	4	49.9	2.1	771	6.8	0
2020/11/3	2.4	57.6	1	771.5	9.1	0
……	……	……	……	……	……	……
2021/12/1	-10	59.7	1.1	778.3	6.1	0

(续表)

日期	日均温度/℃	相对湿度(%)	风速(m/s)	压强(pa)	日照时长(h)	降水量(mm)
2021/12/2	-12.4	69.9	1.4	776.2	6.4	0
2021/12/3	-9.4	65.6	1.7	775.5	7.6	0
……	……	……	……	……	……	……
2022/12/1	-16.3	70	0.9	778.9	6.1	0
2022/12/2	-13.2	77.3	1.1	778.8	6.5	0.2
2022/12/3	-15.7	77.3	1	781.5	7.6	0

(四) 需水量计算

Penman-Monteith 公式被联合国粮食及农业组织 (FAO) 推荐为国际标准,被公认为计算作物蒸散量的最精确方法。该公式基于物理原理与能量平衡理论,综合了温度、湿度、风速和太阳辐射等关键气象参数,通过这些参数精确模拟蒸散过程的动态变化,包括蒸发和蒸腾的相互作用。

1. Penman-Monteith 公式

对于小麦蒸散量的计算,Penman-Monteith 公式因其在多种气候和土壤条件下的适应性强、预测结果的准确性高而被普遍采用,这有助于优化农田灌溉管理策略和水资源利用效率。计算方法如公式 (4-2) 所示。

$$E_{T0} = \frac{0.408(R_n - G) + r\dfrac{900}{T + 273}\mu_2(e_s - e_a)}{+ r(1 + 0.34\mu_2)} \quad (4-2)$$

其中: $\Delta = \dfrac{4098 e_a}{(T + 237.3)^2}$

$r = 0.665 \times 10^{-3} p$

$$e_a = 0.6108\exp\left(\frac{17.27T}{T+237.3}\right)$$

$$e_s = \frac{e^0(T_{\max}) + e^0(T_{\min})}{2}$$

式中：E_{T0} 为参考蒸散量；R_n 为作物表面上的净辐射；G 为土壤热通量；T 为 2 米高处日平均气温；μ_2 为 2 m 高处的风速；e_s 为饱和水汽压；e_a 为实际水汽压；$e_s - e_a$ 为饱和水汽压差；Δ 为饱和水汽压曲线的斜率；r 为湿度计常数。

2. 利用积温来确定生育期

使用每日温度数据计算累计积温，如公式（4-3）（4-4）所示：

$$T_{\text{avg}} = \frac{T_{\max} + T_{\min}}{2} \tag{4-3}$$

$$GDD_i = \max(0, T_{\text{avg}} - 12) \tag{4-4}$$

式中：T_{avg} 为日平均温度（℃）；$T_{\max}$，$T_{\min}$ 分别为当日最高/最低温度（℃）；GDD_i 为第 i 天的有效积温；12℃是棉花生理零度（积温），计算的积温值如表 4-3 所示。

表 4-3 棉花各生育期积温阈值

生育时期	最低温度 /℃	最高温度 /℃	最适温度 /℃）	所需积温 /（℃·d）
播种至出苗	12	40	26	200
出苗至现蕾	17	35	26	600
现蕾至开花	19	35	28	700
开花至吐絮	15	35	26	1 400
吐絮期	16	35	28	1 000

注：播种至出苗为出苗水。有效积温从播种开始算起，当有效积温≥600℃时建议进行第一次灌水。

3. 棉花各个生育期 Kc

推荐在作物生长过程中，苗期的作物系数 Kc 为 0.28，蕾期 Kc 为 0.69，花玲期 Kc 为 0.85，吐絮期 Kc 为 0.41。这些系数基于标准农业模型确定。通过公式 2-2（即 $E_{Tc} = Kc \times E_{T0}$）以及上述 Kc 值所得到的结果，结合每日的参考蒸发蒸腾量 E_{T0} 数据，计算逐日的实际作物蒸发蒸腾量 E_{Tc}。具体操作时，需根据作物各生长阶段的起始日期匹配相应 Kc 值，并将每日 E_{T0} 输入公式进行运算，从而获得连续的实际 E_{Tc} 序列。

4. 设定土壤水分上下限

以 100%FC（田间持水量）为土壤水分上限，按计划湿润层 FC 的不同百分比作为土壤水分下限指导灌溉。当土壤含水率≤棉花生育期灌水下限时，开始灌水至田间持水量。灌水下限根据棉花生育期来进行设定，即苗期为 55%FC，蕾期为 65%FC、花铃期为 75%FC，吐絮期为 60%。

（五）计算结果

在数据处理流程中，需先确保气象数据完整无误，包括数据清洗、缺失值填补和异常值检验，以保证输入质量；然后利用 Penman-Monteith 公式计算 E_{T0} 值，该过程涉及迭代计算或软件工具支持；针对小麦各生长阶段的 Kc 系数，通过加权平均法平衡不同阶段的影响，权重通常基于各阶段持续时间或作物生长强度分配，即独立评估每个阶段的需水量并进行加总，以实现对作物需水量的高精度评估。综合所有阶段的结果，得出全生育期真实需水量的可靠结论，确保结果符合实际农田需求。小麦需水量计算结果如表 4-4 所示。

表4-4 小麦需水量计算结果表

时间	日均温度/℃	相对湿度/%	风速/(m/s)	降水量/mm	小麦需水量/(mm/d)
2018/9/1	15.5	57.9	2	0	2.506 95
2018/9/2	17.5	52.9	1.7	0	2.868 895
2018/9/3	15.4	50.6	3.9	0	2.922
……	……	……	……	……	……
……	……	……	……	……	……
2022/12/1	-16.3	70	0.9	0	0.061 219
2022/12/2	-13.2	77.3	1.1	0	0.088 421
2022/12/3	-15.7	77.3	1	0	0.177 697

(六) 皮尔逊相关系数关联分析

模型训练之前需要科学确定输入影响因子,因此,必须严格筛选与目标变量关联程度大的因子作为输入参数送入模型。本实验重点将日均温度、风速、相对湿度、日照时长等关键气象要素与小麦需水量进行相关性分析,旨在量化评估各个环境因子与作物需水量的相关性强弱及影响方向。

皮尔逊相关系数是机器学习中常用来确定数据之间关联程度的方法,其定义为两个变量之间的协方差和标准差之积的商。在本研究中,将依据皮尔逊相关系数来确定各气象参数与小麦需水量的关联程度,并严格选择关联强度大(通常指强相关及以上等级)的因子作为模型的关键输入参数,以确保输入数据的有效性。皮尔逊相关系数的具体计算公式(4-5)如下:

$$r = \frac{\sum_{i=1}^{n}(x_i - \bar{x})(y_i - \bar{y})}{\sqrt{\sum_{i=1}^{n}(x_i - \bar{x})^2}\sqrt{\sum_{i=1}^{n}(y_i - \bar{y})^2}} \qquad (4-5)$$

利用气象数据，包括温度、降水、湿度和风速等关键参数，通过统计分析方法（如相关性分析和回归分析）计算气象参数与区域需水量之间的关联性，以评估气象变化对水资源需求的直接影响程度，并为优化农业灌溉决策提供基于数据的科学依据，确保水资源管理的高效性与可持续性，详细的计算结果展示在图4-2中。

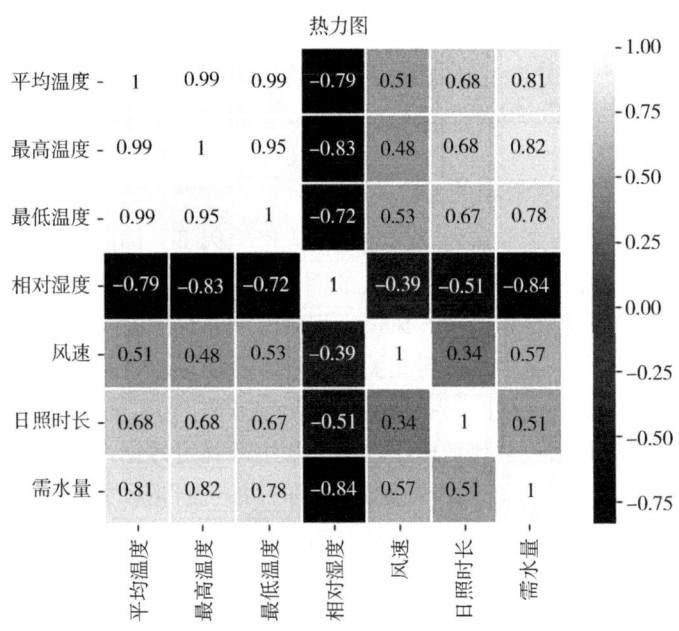

图4-2 气象数据关联系数

为了更直观地理解并高效比较相关数据信息，我们特别采用表格的形式对该信息进行了系统化的整理和呈现，具体细节参考表4-5所示。

表 4-5 关联系数

参数	日均温度	最高温度	最低温度	相对湿度	风速	日照时长
关联度	0.81	0.82	0.78	0.84	0.57	0.51

由表 4-5 可以看出，在气象数据与小麦需水量的关联性中，温度和湿度的关联程度最为显著。具体而言，日均温度、最高温度和相对湿度均呈现极强相关关系，而最低温度则为强相关；风速和日照时长则属于中等相关范畴。然而，考虑到日均温度通常由最高温度和最低温度的平均值决定，因此舍弃最高温度和最低温度，仅保留日均温度和相对湿度作为极强相关参数。

三、CNN-BiLSTM 模型

(一) CNN

卷积神经网络（CNN）本质上是一种从数据输入到输出的映射关系，其核心组件包括卷积层、池化层和全连接层[26]。卷积层是最关键的组成部分，它利用卷积核在输入数据上进行滑动卷积操作，提取局部特征并生成新的特征图；池化层则对卷积层输出的特征图进行下采样，常见的方法如最大池化或平均池化，目的是降低数据维度、减少计算量并增强模型的鲁棒性；全连接层负责将经过卷积和池化处理后的多维特征向量展平为一维向量，用于最终的分类或回归输出。在本模型设计中，为了简化网络架构并提高计算效率，仅采用了一层卷积层和一层池化层。

(二) BiLSTM

BiLSTM（双向长短期记忆网络）是在标准 LSTM（长短期记忆）模型基础上进行重要改进得到的双向长短期记忆

网络架构。其核心思想在于同时利用序列的前向和后向信息，通过两个独立的处理流来更全面地捕获序列中的上下文依赖关系。具体而言，BiLSTM 包含一个前向 LSTM 层和一个反向 LSTM 层，这两个层在结构上相同但处理方向相反，并且通常拥有各自独立的参数。

在时间步 t，模型处理输入序列时，前向层（Forward Layer）从序列开始（t=1）到当前时刻（t）进行顺序计算，积累并传递从序列起点到当前点的历史信息。而反向层（Backward Layer）则从序列末尾（t=T）倒序计算到当前时刻（t），从而获取从序列终点回溯到当前点的未来信息。与基础 LSTM 模型一致，在每一个时间步 t，BiLSTM 中的每个 LSTM 单元（无论是前向层还是反向层）都接收三个关键输入：当前时间步的输入向量 x_t、上一时间步（t-1）对应层（前向或反向）的隐藏状态输出 h_{t-1}、以及上一时间步（t-1）对应层的细胞状态 C_{t-1}。

每个 LSTM 单元在时间步 t 会产生两个主要输出：一个是当前时间步的隐藏状态输出 h_t，它综合了当前输入和历史信息（对于前向层）或未来信息（对于反向层），蕴含了该单元在当前上下文下的抽象表示；另一个是更新后的细胞状态 C_t，它承载了经过门控机制筛选后的长期记忆信息，为后续时间步提供记忆基础。

最终，BiLSTM 在该时间步的输出通常通过拼接（Concatenation）或合并（如求和、求平均）前向层和反向层在该时间步的隐藏状态 h_t（即前向的 h_ t^forward 和反向的 h_ t^backward）来形成最终的隐藏状态表示。这种结合方式使得模型在时间步 t 能够充分利用整个序列的上下文信息，即同时考虑了过去（t=1 到 t）和未来（t 到 t=T）的信息，显著增强了模型对序列数据（如文本、语音、时间序列）的理解和建模能力。

遗忘门通过 sigmoid 函数决定哪些信息需要从细胞状态中遗忘，以防止过时或无关数据的干扰；输入门负责筛选和添加新信息到细胞状态中，确保相关数据的更新和整合；输出门则基于当前细胞状态控制输出值，以生成最终的预测结果。这种门控结构有效解决了传统 RNN 中的长期依赖问题，避免了梯度消失现象，显著提升了序列建模的准确性和鲁棒性。细胞状态作为核心记忆单元，在整个序列处理过程中动态维护信息流，如图 4-3 所示。

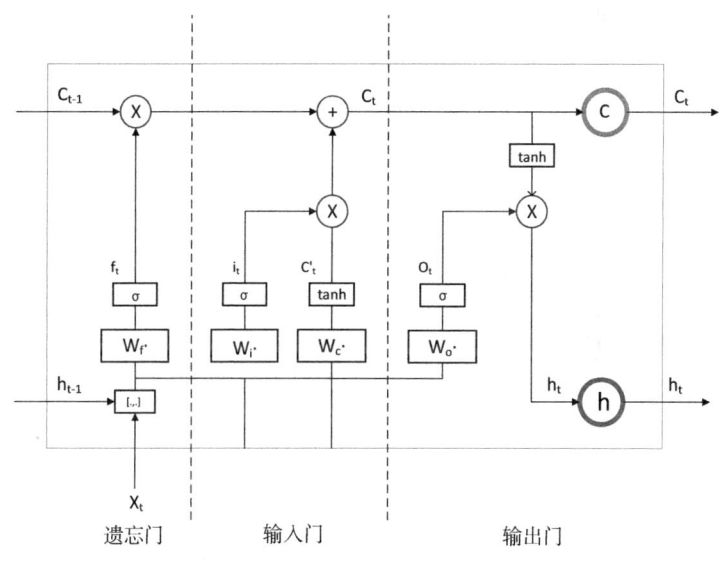

图 4-3 状态门

遗忘门：它决定了上一时刻单元状态 C_{t-1} 有多少保留到当前时刻 C_t，可以保留很久之前的信息。计算公式（4-6）如下：

$$f_t = \sigma(W_f[h_{t-1}, x_t] + b_f) \qquad (4-6)$$

式中，f_t 为遗忘门；σ 门状态函数；W_f 遗忘门权重；h_{t-1} 为当前输出值；x_t 为当前输入值；b_f 为遗忘门偏置。

输入门：它决定了当前时刻输入 x_t 有多少保存到单元状态 C_t，可以避免一些无关紧要的内容进入记忆。计算公式（4-7）如下：

$$i_t = \sigma(W_i[h_{t-1}, x_t] + b_i) \tag{4-7}$$

式中：i_t 为输入门；σ 门状态函数；W_i 输入门权重；h_{t-1} 为当前输出值；x_t 为当前输入值；b_i 为输入门偏置。

输出门：它决定控制单元状态 C_t 有多少输出到当前输出值 h_t，控制长期记忆对当前输出影响。计算公式（4-8）如下：

$$o_t = \sigma(W_o[h_{t-1}, x_t] + b_o) \tag{4-8}$$

式中：o_t 为输出门；σ 门状态函数；W_o 输出门权重；h_{t-1} 为当前输出值；x_t 为当前输入值；b_o 为输出门偏置。

门的输出是由0到1之间的实数向量控制的，当门输出时0时，任何向量与之相乘都会为0，此时代表任何状态都无法通过；反之，为1的时候，则代表任何状态都可以通过。这也可以有效对历史输入的重要信息进行保留，对预测结果而言更加精确。

BiLSTM 架构独特地整合了正向 LSTM 和反向 LSTM 两个独立的序列处理方向：正向 LSTM 按时间顺序从序列起始点向终点处理数据，专注于提取过去的历史信息；而反向 LSTM 则从序列终点向起始点逆向分析数据，获取未来上下文信息的反馈，这两个方向的 LSTM 单元在训练过程中独立运作，但最终通过隐藏状态的拼接或加权平均实现信息融合。这种双向机制使得模型能够同时利用序列的前后依赖关系，从而对时间序列数据进行更深层次的特征挖掘和模式识别，如在序列中识别关键转折点或复杂模式，不仅增强了模型对复杂动态的捕捉能

力,还显著提升了预测的准确性和可靠性。BiLSTM 模型计算如公式(4-9)所示:

$$h_t = \underset{h_t}{\leftarrow} \odot \underset{h_t}{\rightarrow} \qquad (4-9)$$

式中,第一个 h_t 为反向输出,第二个 h_t 为正向输出,其原理图如图 4-4 所示。

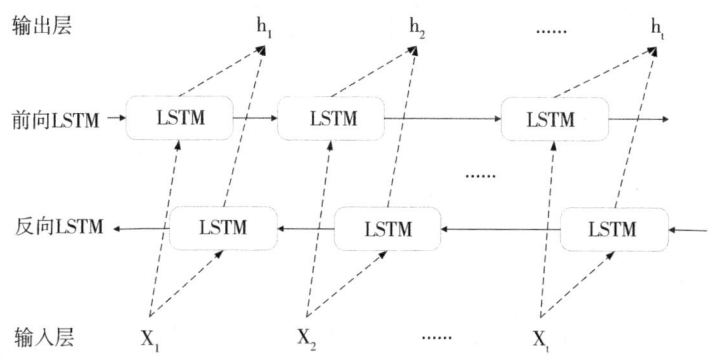

图 4-4 BiLSTM 原理

(三) CNN-BiLSTM

由于冬小麦需水量呈现显著的波动性特征,其数据具有高度非线性、非平稳的特点,而卷积神经网络(CNN)在提取多维输入数据间的非线性局部特征方面具备高效性,能够通过卷积和池化操作快速捕捉输入参数(如气象因子、土壤墒情、作物生长阶段等)中蕴含的空间模式和复杂依赖关系,故可利用 CNN 对多维输入参数进行深度特征提取。长短期记忆网络(LSTM)凭借其特有的输入门、遗忘门和输出门等门控机制。双向长短期记忆网络(BiLSTM)则在标准 LSTM 的基础上引入双向处理架构,能够同时从前向和后向两个方向学习序列信息,有效解决单向模型中可能存在的反向依赖信息丢失问题,显著提升模型对时间序列动态规律的建模能力,从而获得更高的预测精度[27]。综合以上因素,为充分利用CNN在空间特征提取和BiLSTM在时间依赖性建模上的互补优势,本设计最终采用CNN-BiLSTM融合模型进行冬小麦需水量的预测研究。

CNN-BiLSTM模型是一种结合了卷积神经网络(CNN)和双向长短期记忆网络(BiLSTM)的混合架构,该模型通过将CNN在空间特征提取上的优势,例如识别图像或序列中的模式结构,与BiLSTM在时间序列预测中的长短期依赖性建模能力精准结合,实现了对输入数据的多层次分析,包括空间尺度上的局部特征捕捉和时间维度上的动态演变过程。其融合结构如图4-5所示。

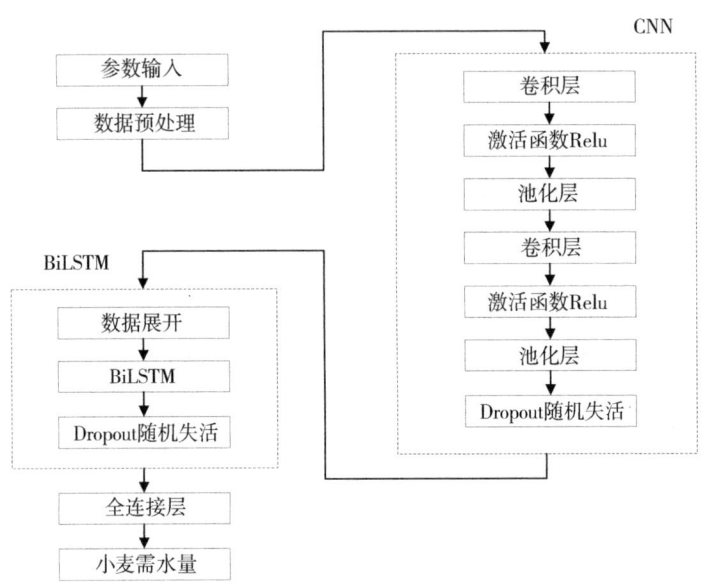

图4-5 CNN-BiLSTM模型结构

小麦需水量预测模型设置四个关键输入参数：日平均温度、平均风速、环境相对湿度和日降水量。将这四项气象参数输入模型后，首先对原始数据集进行系统化预处理，包括缺失值填补及异常值修正，随后采用最小-最大归一化方法将各参数数值统一转换至 [0, 1] 区间。预处理后的数据集按 4∶1 比例划分，其中 80% 样本作为训练集用于模型参数优化，剩余 20% 样本作为独立测试集用于模型性能验证。

归一化处理后的多维数据首先输入卷积神经网络（CNN）模块，通过三层卷积层提取空间特征，每层卷积后接最大池化操作进行特征降维。经 CNN 处理的特征图通过 0.3 概率的随机失活函数（Dropout）后，以时间序列形式输入双向长短期记忆网络（BiLSTM）。该模块同时执行前向与后向 LSTM 运算，分别捕捉正向和逆向的时间依赖特征，最终通过张量拼接（concat）操作融合双向输出特征。融合后的高阶特征在输入全连接层前再次经过 0.4 概率的 Dropout 层，有效抑制模型过拟合风险。全连接层采用三层神经网络结构，通过 ReLU 激活函数实现非线性映射。模型末端执行反归一化运算，将标准化预测值还原为实际物理量纲，最终输出小麦日需水量预测结果。该混合架构充分发挥 CNN 的空间特征提取能力与 BiLSTM 的时序建模优势，同时通过双重 Dropout 机制保障模型泛化性能。

（四）数据预处理

冬小麦需水量数据通过 Penman-Monteith 公式得到，该数据构成模型预测的 4 个输入参数和 1 个输出结果。由于各个输入变量差异很大，如果直接用于训练会导致预测结果过度离散。为了消除数据输入和输出之间的差异，更好地反映数据之间关系，且便于模型训练，提高模型的收敛速度和精度，在模型训练之前需要对数据进行预处理，即归一化操作，将数据归

置到 [0, 1] 之间。归一化公式（4-10）所示：

$$x'_i = \frac{x_i - x_{\min}}{x_{\max} - x_{\min}} \quad (4\text{-}10)$$

式中：x_i（$i=1, 2, \cdots, n$）为第 i 个样本数据；x'_i 为归一化之后数据 $x_{\max}$ 为 xi 中的最大数据；$x_{\min}$ 为最小数据。

为了更直观地反映预测值与真实值之间的关系，在模型训练完成后，必须执行反归一化操作，将标准化处理后的预测值还原到原始数据尺度，从而便于直接比较和评估模型的实际表现。反归一化公式（4-11）所示：

$$x = x'_i \times (x_{\max} - x_{\min}) + x_{\min} \quad (4\text{-}11)$$

需要注意的是，如果在进行归一化数组形状为（n, x），则进行反归一化时数组形状必须为（m, x），也就是列的维度必须相同。

（五）评估指标

为了精确对比小麦作物需水量预测的精度差异，本研究采用多项评估指标如均方根误差、相关系数和平均绝对误差进行系统对比分析，从而全面评估不同模型的预测效果及其在实际应用中的可靠性。评估指标包括：绝对误差（MAE）、均方误差（MSE）、均方根误差（RMSE）和 R^2。具体指标公式如（4-12 至 4-15）。

$$MAE = \frac{1}{n} \sum_{i}^{m} |y_i - \widehat{y_i}| \quad (4\text{-}12)$$

$$MSE = \frac{1}{n} \sum_{i=1}^{m} (y_i - \widehat{y_i})^2 \quad (4\text{-}13)$$

$$RMSE = \sqrt{\frac{1}{n} \sum_{i=1}^{m} (y_i - \widehat{y_i})^2} \quad (4\text{-}14)$$

$$R^2 = 1 - \frac{\sum_{i=1}^{m}(y_i - \hat{y_i})^2}{\sum_{i=1}^{m}(y_i - \bar{y}^2)} \quad (4-15)$$

式中，y_i 为小麦作物真实值；$\hat{y_i}$ 为小麦作物需水量预测值；$\bar{y}$ 为需水量均值。

四、实验结果与分析

(一) 模型参数设置

为了保证结果的公平性与可比性，本实验对 LSTM、多层 LSTM、BiLSTM 以及 CNN-BiLSTM 模型均采用了完全一致的超参数配置原则。具体而言，所有模型共享以下核心参数设置：训练迭代次数（epochs）统一设定为 100 次，批处理大小（batch size）固定为 32，并选用 Adam 优化器进行模型训练，其初始学习率设定为 0.001。为防止模型过拟合，在模型结构中加入丢弃率（Dropout rate）为 0.2 的正则化层。

在模型结构细节方面，对于基础的 LSTM 模型，其隐藏层神经元个数被设定为 64 个。对于更为复杂的 CNN-BiLSTM 混合模型，其卷积神经网络（CNN）部分的具体配置如下：卷积层包含 128 个卷积核，执行一维卷积操作以提取序列特征；池化层则采用最大池化策略，其池化窗口大小设定为 1。后续的 BiLSTM 部分同样保持与前述 LSTM 模型一致的 64 个神经元设置。所有模型结构的详细参数配置均总结于表 4-6 中，确保实验过程透明且结果具备可复现性。

表4-6 CNN-BiLSTM 模型参数设置

参数	参数值
卷积层	卷积核个数 128
	卷积维度：1维
池化层	最大池化窗口大小：1
BiLSTM层	神经元个数：64
训练参数设置	Dropout 随机失活：0.1
	优化器：Adam
	Epoch：100

在参数设置相同的情况下，针对标准 LSTM 模型及其改进版本进行全面评估，通过采用 MAE、MSE、RMSE 和 R^2 等性能指标进行详细对比分析。这一过程旨在量化模型的预测精度、误差分布和拟合效果，从而系统性地评估模型在时间序列预测任务中的优劣，包括识别改进模型在减少误差、提升稳定性和增强泛化能力方面的潜在优势。

（二）需水量预测结果

在对测试集进行一百次训练之后，通过详细对比观察各模型的损失函数变化，可以清晰发现整体训练过程在 50 次迭代后基本达到稳定状态。具体而言，LSTM 模型大约在 30 次训练次数便趋于稳定，其损失值收敛至 0.01 附近。相比之下，两层 LSTM、三层 LSTM 以及 BiLSTM 模型虽然需要更多的训练次数才能达到稳定（通常超过 LSTM 模型的训练次数），但稳定后的损失值收敛效果更为显著，均低于 0.01 的水平。测试集迭代次数的详细对比情况可参考图 4-6。

通过训练，五种模型在测试集上的小麦需水量预测结果如图 4-7 所示。

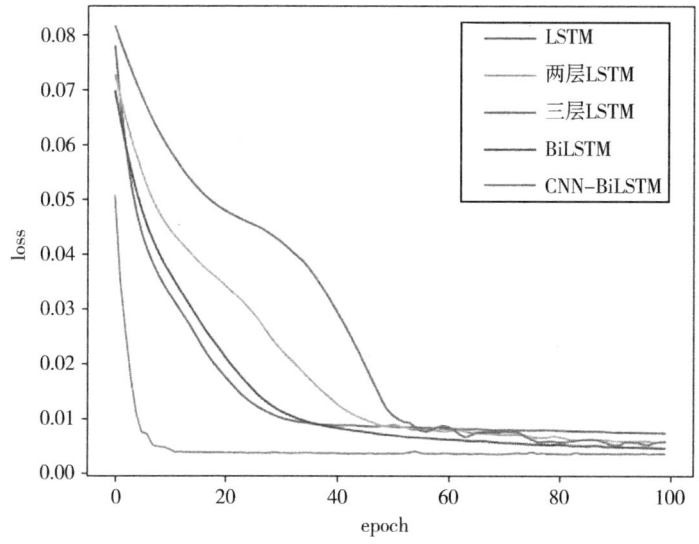

图4-6 训练集迭代次数

由图4-7（i）可见，在输入参数如日均温度、风速、相对湿度和降水量一致情况下，CNN-BiLSTM模型真实值与预测值之间的差距较小，预测结果较为精确。实验表明CNN-BiLSTM模型的性能优于BiLSTM模型，适于进行小麦需水量的预测。

（三）需水量的预测评估

为了便于对比模型训练效果，将各模型的MAE、MSE、RMSE和R^2呈现于表4-7中。

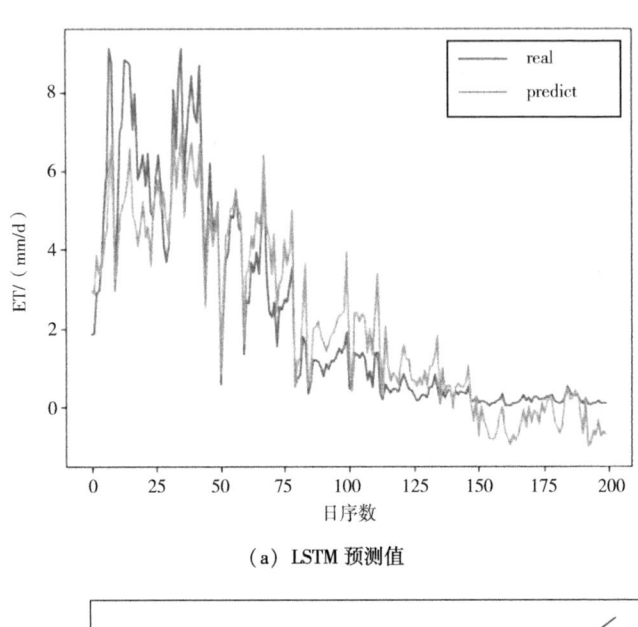

(a) LSTM 预测值

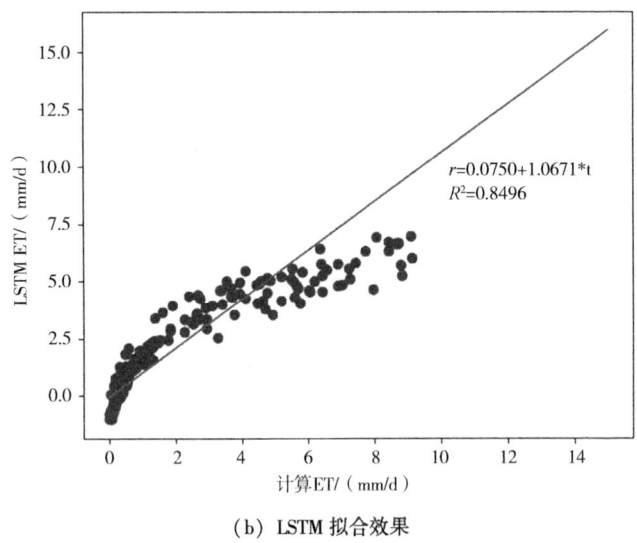

(b) LSTM 拟合效果

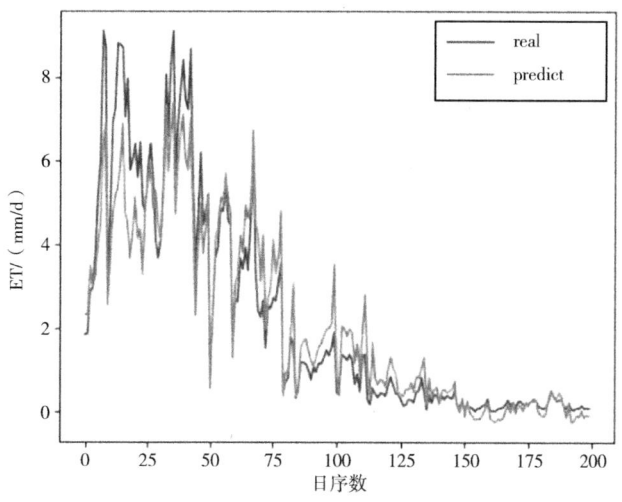

(c) 两层 LSTM 预测值

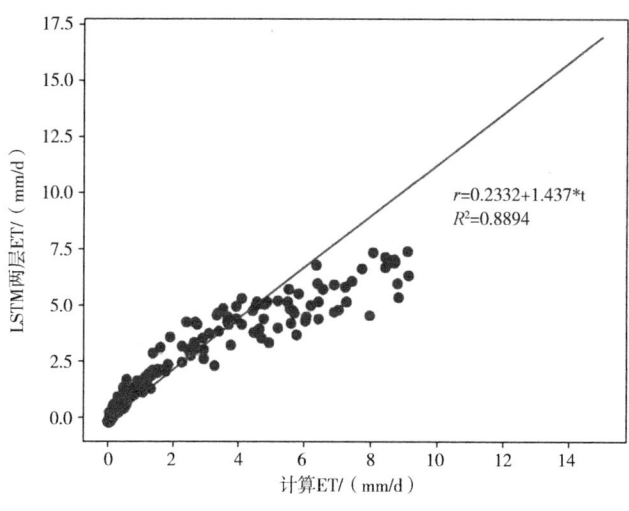

(d) 两层 LSTM 拟合效果

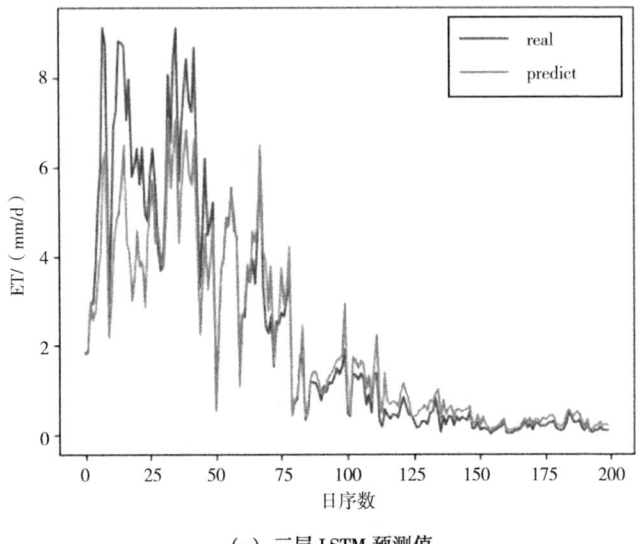

(e)三层 LSTM 预测值

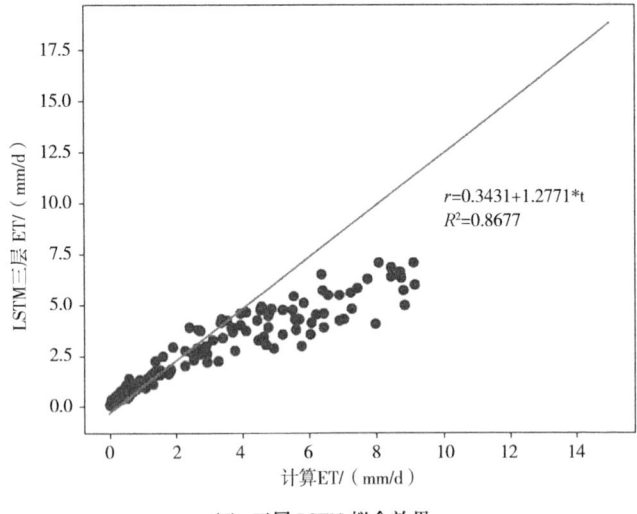

(f)三层 LSTM 拟合效果

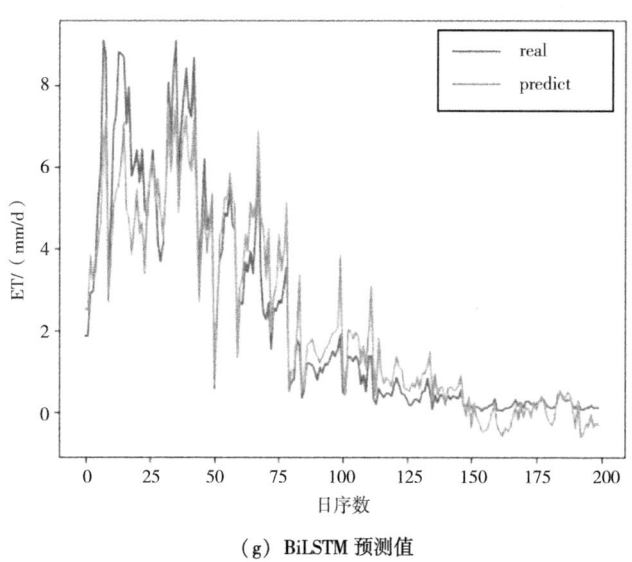

(g) BiLSTM 预测值

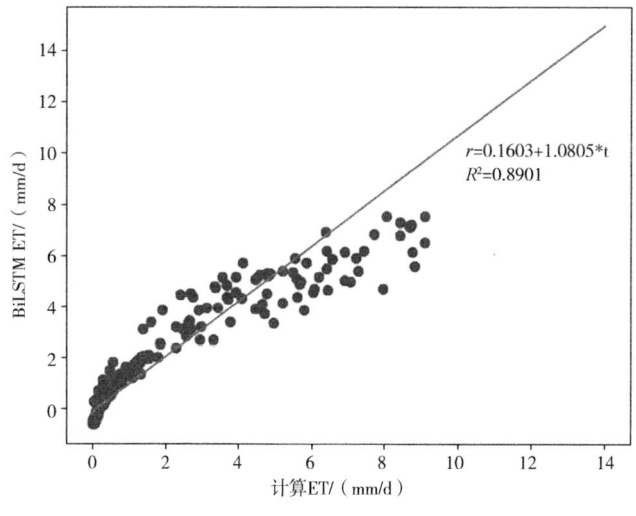

(h) BiLSTM 拟合效果

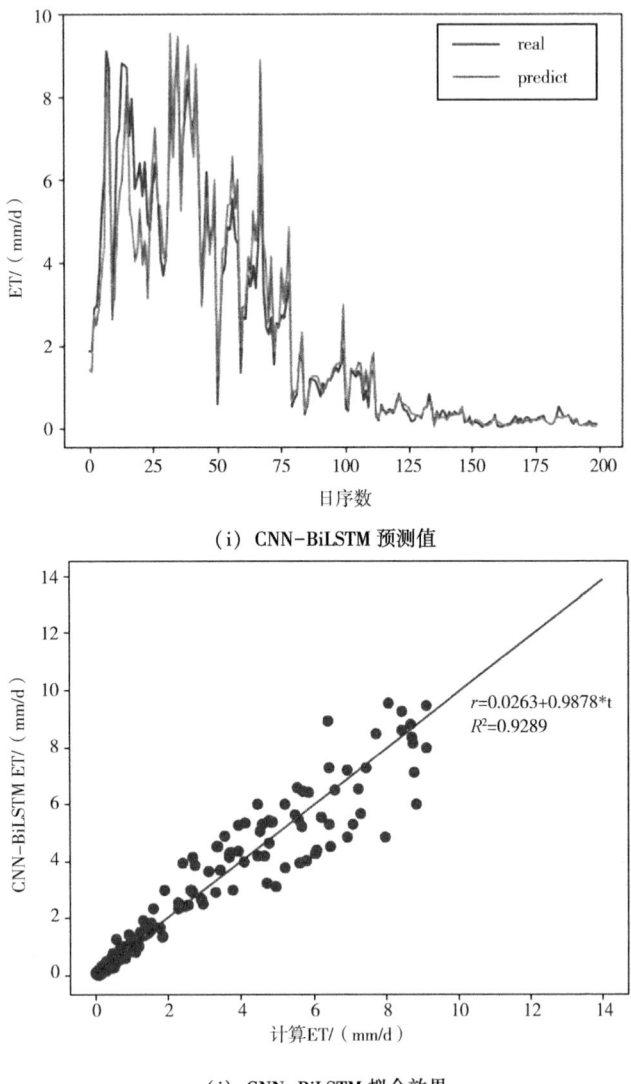

(i) CNN-BiLSTM 预测值

(j) CNN-BiLSTM 拟合效果

图 4-7 预测结果与拟合效果图

表 4-7 模型评估对比

模型	R^2	MAE	MSE	RMSE
RNN	0.795 8	0.933	1.394	1.181
BP 神经网络	0.803	0.932	1.347	1.160
LSTM	0.849 6	0.793	1.047	1.023
两层 LSTM	0.889 4	0.606	0.782	0.884
三层 LSTM	0.867 7	0.575	0.853	0.924
BiLSTM	0.890 1	0.593	0.727	0.853
CNN-BiLSTM	0.928 9	0.400	0.486	0.697

为了进行预测模型的横向对比，实验还加入了 BP 神经网络、RNN 的预测结果。由表 4-7 可以看出，BP 神经网络和 RNN 效果远不如 LSTM。两层 LSTM 相较于单层 LSTM 预测模型 R^2 提高了约 4%，MSE 减少了约 0.26，而三层的 LSTM 相较于两层 R^2 降低了约 2.2%，MSE 却增加了 0.1。在改进的 BiLSTM 模型中 R^2 相较于 LSTM 提高了约 4%，MAE 减少约 0.2，MSE 减少约 0.3，RMSE 减少约 0.17；对于改进的 CNN-BiLSTM，其 R^2 为 0.928 9，MAE 为 0.4，MSE 为 0.486，RMSE 为 0.697，相比于 LSTM 模型，R^2 提高了约 8%，MAE 减少了约 0.4，MSE 减少了约 0.56，RMSE 减少了约 0.3，即对基线模型 LSTM 的改进较大；与 BiLSTM 模型相比，CNN-BiLSTM 的 R^2 增加了约 4%，MAE 减少了约 0.19，MSE 减少了约 0.24，RMSE 减少了约 0.16，可知 BiLSTM 融合 CNN 后的改进效果也较为显著。

（四）实验结果讨论

对冬小麦进行需水量预测是精准农业灌溉管理的关键环

节，能够优化水资源利用并提高作物产量。具体操作中，首先需要收集气象数据，包括温度、湿度、风速、日照和降水等关键指标，这些数据可通过当地气象站或在线数据库下载获取。然后，应用 Penman-Monteith 公式计算冬小麦需水量，该公式基于能量平衡原理，考虑了作物蒸散过程中的生理和环境因素。由于农作物约 99% 的水分散失是通过叶片气孔的散蒸作用实现的，因此 Penman-Monteith 公式计算出的结果可视为真实需水量的可靠估计。

本研究以昌吉回族自治州奇台县为案例区域，收集了近 5 年的每日气象数据，包括 2018—2022 年的完整记录，利用 Penman-Monteith 公式精确计算了冬小麦的月度和季节性需水量。在此基础上，提出了一种基于深度学习的 CNN-BiLSTM 模型用于需水量预测。该模型结合了卷积神经网络（CNN）的特征提取能力和双向长短时记忆网络（BiLSTM）的时序分析优势，以捕捉气象数据的空间和时间依赖关系。

实验设计中，以标准的 LSTM 模型作为基线，通过调整网络层数、学习率和批次大小等参数进行优化，并对比了包括支持向量机（SVM）、随机森林（RF）和 ARIMA 在内的多种传统模型性能。性能评估采用均方根误差（RMSE）、决定系数（R-squared）和拟合优度等指标。结果表明，在测试集上，CNN-BiLSTM 模型的 RMSE 值最低（降低至 0.85），R-squared 最高（达到 0.98），在精准度和数据拟合程度上均显著优于其他模型，尤其是在处理季节性波动和极端天气事件时表现更稳定。

参考文献

[1] 苏芳蕊. 小麦群体生长可视化系统的设计与实现

[D]. 郑州：河南农业大学，2011.

[2] 2021年度《中国水资源公报》发布[J]. 水资源开发与管理，2022，8（7）：85.

[3] QIN H H, CAI X M, ZHENG C M. Water demand predictions for megacities: system dynamics modeling and implications [J]. Water Policy, 2018, 20 (1): 53-76.

[4] 邓忠，翟国亮，宗洁，等. 微灌系统堵塞机理分析与微灌过滤器研究进展[J]. 节水灌溉，2014（8）：71-74.

[5] 胡程达，方文松，王红振，等. 河南省冬小麦农田蒸散和作物系数[J]. 生态学杂志，2020，39（9）：3004-3010.

[6] 胡衍坤，王宁，刘枢，等. 时间序列模型和LSTM模型在水质预测中的应用研究[J]. 小型微型计算机系统，2021，42（8）：1569-1573.

[7] COX DAVID J, BRODHEAD MATTHEW T. A proof of concept analysis of decision-making with time-series Data [J]. The Psychological Record, 2021, 71 (3): 349-366.

[8] 李学冬，刘玉华，刘霞，等. 基于灰色系统理论的我国康复卫生资源预测研究[J]. 中国康复医学杂志，2021，36（8）：997-999.

[9] 尹晓燕，王旭阳，史澳，等. 基于灰色理论和时间序列模型预测棉花产量可行性研究[J]. 棉花科学，2021，43（1）：15-21.

[10] 刘婧然. 青椒集雨调亏滴灌智能需水感知与节水灌溉决策研究[D]. 邯郸：河北工程大学，2021.

[11] 董楠,吕新,侯振安,等.基于彭曼公式的膜下滴灌棉田灌水量研究[J].新疆农业科学,2012,49(4):617-624.

[12] 李志新,赖志琴,龙云墨.基于GA-Elman神经网络的参考作物需水量预测[J].节水灌溉,2019(2):117-120.

[13] 张明岳,李丽敏,温宗周,等.基于改进Elman神经网络和模糊控制的智能灌溉算法设计[J].国外电子测量技术,2021,40(11):155-160.

[14] 刘婧然,刘心,武海霞,等.基于GA优化的支持向量机模型在青椒作物需水量预测中的应用[J].节水灌溉,2021(1):70-76.

[15] 邓皓,李文竹,刘婧然,等.基于MIV-MEA-Elman神经网络的核桃果实膨大期需水量预测[J].节水灌溉,2020(4):68-72.

[16] 孟玮,孙西欢,郭向红,等.基于人工蜂群径向基神经网络预测参考作物需水量[J].节水灌溉,2020(1):79-83.

[17] 孙博瑞.基于LSTM神经网络的智能灌溉系统开发[D].塔里木:塔里木大学,2022.

[18] 谢家兴,高鹏,孙道宗,等.基于长短期记忆的柑橘园蒸散量预测模型[J].农业机械学报,2020,51(S2):351-356.

[19] 商志根,段小汇.基于PSO与LS-SVM的作物需水量预测[J].计算机与现代化,2018(10):44-47.

[20] 刘洪山,王卫星,孙道宗,等.基于GA-BP神经网络的果园需水量预测[J].排灌机械工程学报,

2020, 38 (12): 1258-1263.

[21] 马淋军, 杨宁, 严雪萍. 优化神经网络模型在作物需水量预测中的应用 [J]. 农机化研究, 2009, 31 (12): 169-171.

[22] 夏泽豪, 翁绍捷, 罗微, 等. 基于灰色神经网络的作物需水量预测模型研究 [J]. 中国农机化学报, 2015, 36 (2): 219-223.

[23] 王景雷, 康绍忠, 孙景生, 等. 基于贝叶斯最大熵和多源数据的作物需水量空间预测 [J]. 农业工程学报, 2017, 33 (9): 99-106, 315.

[24] 白桦, 鲁向晖, 杨筱筱, 等. 基于彭曼公式日均值时序分析的中国蒸发能力动态成因 [J]. 农业机械学报, 2019, 50 (1): 235-244.

[25] 田旭浪. 伊犁河灌区滴灌小麦作物系数及灌溉制度优化研究 [D]. 石河子:石河子大学, 2022.

[26] 崔丽珍, 张清宇, 郭倩倩, 等. 基于CNN-LSTM的井下人员行为模式识别模型 [J/OL]. 无线电工程:1-9 [2023-04-24].

第5章 基于小样本的小麦施氮量预测方法

一、绪言

(一) 研究背景和意义

小麦作为我国主要的粮食作物之一，种植面积广泛，在其整个生长周期内对氮、磷、钾等多种关键养分的需求量相当高。实施科学合理的施肥管理方案，不仅能够有效激活土壤微生物活性，持续提升土壤的基础肥力水平，改善土壤团粒结构，同时更是保障小麦实现高产、稳产并显著提升籽粒品质（如蛋白质含量、面筋质量及出粉率等）的核心技术环节之一[1]。然而，当前我国小麦生产实践中普遍采用"大水大肥"的粗放式施肥模式，其核心思路在于通过大量投入灌溉用水和高剂量的化学肥料来换取预期的产量与品质目标。这种做法在肥料选择、配比、施用时期和方法策略上存在显著的盲目性和随意性。由于普遍缺乏基于土壤养分系统测试和作物需肥规律的精准指导，农户往往凭经验或习惯过量、集中施用，尤其在基肥环节投入比例过高。短期内，这种高投入模式或许能观察到一定的增产提质效果，但若从农业可持续发展的长远视角审视，这种不合理的施肥行为将导致多重严重弊端：一是肥料利用率显著低下，大量未被作物吸收的养分便以淋溶、挥发、径流等形式损失而进入环境；这不仅造成了农业生产资金和宝贵资源（如磷矿、钾矿）的巨大浪费，显著增加生产成本，更可能因肥料过量投入导致作物后期贪青晚熟、倒伏风险加大、病虫害加重、籽粒品质下降（如蛋白质含量不稳定）等问题，反而制约了小麦产量和经济效益的进一步提升。二是未被有效利用的养分，尤其是氮、磷的流失，会加剧地表水和地下水体的富营养化、土壤酸化、次生盐渍化以及温室气体（如氧化亚氮）排放等环境污染风险，形成"污染环境-降低地力-依赖更多化肥"的恶性循环，威胁生态系统健康[2-4]。因此，为确保小麦产业的绿色、高效和可持续发展，在其整个生长过程中，施肥管理必须严格遵循科学、合理、适度的核心原则，即依据土壤基础供肥能力、小麦各生育阶段（如分蘖、拔节、孕穗、灌浆）的需肥特性与养分吸收规律、目标产量以及环境承载能力，进行精准的测土配方施肥和分期调控（如氮肥后移技术），实现养分的供需时空匹配，最大限度提高肥料利用效率，保障粮食安全与环境安全协同发展。

（二）小麦施肥预测模型研究现状

以往的施肥量预测研究主要采用两种经典方法：一是基于历史数据构建四元二次方程或多元线性回归模型[5]，这类统计模型依赖严格的数学假设和参数校准，对数据分布的平稳性要求较高；二是依据养分平衡原理的计算方法，该方法通过量化作物全生育期养分吸收总量与土壤基础供肥能力之间的差值来推算施肥量。这两类传统方法因需密集采集覆盖不同土壤质地、气候带、轮作制度及作物关键生育期的多维数据，导致田间采样工作量大、实验周期长、人力物力成本高，且在实际应用中常因土壤空间变异性强、历史数据缺失或监测手段不足而难以获取完整数据集，制约了预测的准确性和普适性。鉴于精准施肥对现代农业可持续发展的重要性日益突显——既能显著降低化肥过量使用造成的面源污染风险，又能通过优化养分供应提升作物产量潜力，改善农产品品质性状，最终实现农户经济效益与生态效益的双重提升，全球农业科学家持续致力于优化施肥决策模型，以"节肥、增产、提质、增效"为核心目标推动技术创新。D. Pokrajac 等[6]于 2001 年率先将前馈神经网络模型引入作物施肥预测领域，利用其强大的非线性映射能力、模式识别特性及自适应学习机制，突破了传统统计模型的线性局限，为农业智能决策系统开发提供了新范式，奠定了数据驱动型精准施肥策略的理论基础。此后 P. Marti 等[7]尝试采用三层感知器神经网络，以环境温湿度作为核心输入参数预测作物水肥耦合需求，旨在简化模型复杂度。然而由于模型对局部样本过拟合、训练数据集规模有限（仅覆盖单一作物品种和特定生态区）、关键农艺参数（如叶面积指数、根系活力）缺失等问题，导致预测精度不稳定且泛化能力薄弱，尤其在不同土壤背景和气候类型区域表现显著退化，最终未能实现工程化应用。该案例深刻揭示了早期智能模型在特征工程优化、样本多样性构建以及实际生产场景部署方面存在的系统性瓶颈。

唐晨曦[8]通过系统性地改进神经网络模型的核心结构（如引入残差连接结构）与优化其训练算法（如采用自适应学习率算法），成功在枳壳作物规模化栽培中构建并部署了一套高效、稳定的水肥一体化智能控制系统。该系统通过密集部署的传感器节点实时、连续地监测关键土壤墒情参数（如体积含水量、电导率）和作物生理生长状态（如茎秆微变化、叶面温度），并基于复杂的预测模型动态调整灌溉量与施肥配方。这不仅有效优化了水肥管理的精细化程度与响应速度，显著减少了资源浪费，还提升了作物的品质与产量。

王丽娟等[9]则创新性地提出并验证了一种基于模糊控制理论的新型水肥一体化智能管理方法。该方法通过设计多输入多输出的模糊规则库和隶属度函数，能够有效处理农业环境中普遍存在的土壤异质性、作物生长阶段差异等不确定性因素，较传统的固定阈值控制方法显著提升了水肥配比的合理性和投放时机的准确性，系统鲁棒性明显增强，在面对环境扰动时表现更为可靠。

刘炳铄[10]基于物联网成熟的三层感知-传输-应用架构，设计并实地实现了一套可扩展性强、易于维护的水肥智能调控系统。该系统通过大规模部署多类型传感器网络（如土壤温湿度、光照强度、空气温湿度传感器）全面采集环境及作物多维数据，经由可靠的无线传输网络汇聚至云端平台，结合灵活可配置、支持远程更新的控制策略（如分区定时、按需触发），成功实现了对大型果园不同分区（根据果树品种、树龄、地形）的差异化、精准化灌溉与施肥作业，大幅提升了管理效率。

Prabakaran 等[11]的研究更进一步，创新性地将领域专家长期积累的作物栽培知识库（涵盖不同生长阶段的养分需求、水分敏感期等经验规则）与先进的模糊推理算法（如 Mamdani 型推理）相融合，构建了知识驱动的智能决策系统。该智能决策系统能够综合分析实时获取的多源数据，包括高频次的气象条件（如降水量、光照强度、温湿度变化趋势）与土壤养分状态（如氮磷钾含量动态、pH 值波动）等，进行多目标协同优化决策。这种方法不仅大幅提升了水肥需求预测的准确性和前瞻性，而且在充分保证作物最优生长需求的前提下，显著降低了因肥料过量使用造成的经济成本和环境负担。

J. Barradas 等[12]开发了一套高度集成物联网感知技术、云计算与用户交互的智能灌溉施肥决策支持系统。该系统允许用户通过直观友好的图形用户界面（GUI）远程实时监控和获取关键作物生长参数（如叶面积指数、冠层覆盖度）与环境数据（如土壤水势）。其核心预测引擎采用了经典的 BP 神经网络模型，通过学习历史数据来预测作物的水肥需求。然而，该研究存在一个明显的局限，即其预测模型未能充分纳入关键气象因子（如未来数日的降水预报、蒸发量变化）的动态变化影响及其与水肥消耗间的动态耦合关系，这在一定程度上导致了预测结果与实际田间需求之间存在时间滞后性偏差，影响了系统在多变气候条件下的适应性和决策准确性。

于合龙等[13]开发了基于移动终端的玉米施肥决策系统，该系统创新性地结合了养分平衡算法，不仅优化了施肥推荐精度，更显著降低了操作门槛，有效提升了农户使用的便捷性与体验感。JORGE 等[14]在移动端成功构建了一套氮素智能管理系统，该平台通过整合土壤测试数据、作物需氮规律及环境因素，进行科学评估与动态推荐，显著提高了氮肥利用效率并减少了环境负担。李自豪[15]融合了领域知识库、动态规则库及智能相似度计算算法，构建了先进的水肥一体化智能决策系统，并通过高效的软硬件协同机制，最终在云平台上实现了远程、精准的施肥控制功能。陈朗等[16-19]建立了综合性的作物精准施肥专家系统，该系统深度整合农艺知识与数据分析模型，旨在切实解决农业生产中的肥料浪费问题，同时有效提升作物的产量与品质。此外，滕青芳等[20-23]通过构建并训练多层神经网络模型，深入探究了作物产量与关键施肥因子之间的复杂定量关系，进一步优化了施肥效果预测模型的精度与泛化能力。

在农业预测领域，许多先进的预测方法如机器学习模型和统计模型都需要使用足够的数据量来确保模型的准确性和泛化能力，因为这些模型依赖大规模训练数据来捕捉复杂模式，避免在未知场景下性能下降。在小麦生产过程中，由于生长周期较长，通常需要跨越多个季节才能收集完整的数据集，如从播种到收获耗时数月，导致数据积累缓慢且数量稀少的问题普遍存在，难以满足高精度预测的需求。这种数据不足的状况常常使得无法找到合适的预测模型，例如在施肥量预测中，传统方法容易因样本有限而出现过拟合或欠拟合现象；过拟合表现为模型过度拟合训练数据中的噪声，泛化能力弱，而欠拟合则因模型过于简单无法反映真实关系，从而无法进行科学有效的预测，影响施肥决策的准确性。目前，"扩容法"作为解决小样本数据的主要方法，通过数据增强技术如合成数据生成（例如利用生成对抗网络生成模拟样本）或特征变换（如主成分分析优化变量组合），不仅有效解决了小麦数据量少的问题，还同时优化了施肥设计方案，提高了资源利用效率，减少浪费。

二、数据来源

数据选取自新疆维吾尔自治区昌吉回族自治州奇台县华兴农场，该农场位于 $89°13'E \sim 91°22'E$，$42°25'N \sim 45°29'N$ 的地理坐标范围内，海拔高度为 4 014 米。所选数据集包括气象数据、土壤参数和作物生长指标等多种变量，通过农场内的传感器网络实时采集，提供了高精度的农业环境监测信息。实验田如图 5-1 所示。

氮、磷、钾等肥料对小麦生长发育、增产增量具有显著的促进作用，其中氮肥在促进小麦植株生长、茎秆粗壮、叶片扩展、有效分蘖以及光合作用效率提升方面发挥着尤为关键的作用，因为它直接参与蛋白质合成、叶绿素形成、核酸代谢及酶活性调控等核心生理过程。本实验在进行数据采集时，系统地获取了土壤中的氮、磷、钾等主要养分含量信息，为后续分析提供了基础。然而，实验设计仅针对小麦施氮量设置了梯度实验，具体包括低、中、高三个明确界定的氮水平梯度，以精确

 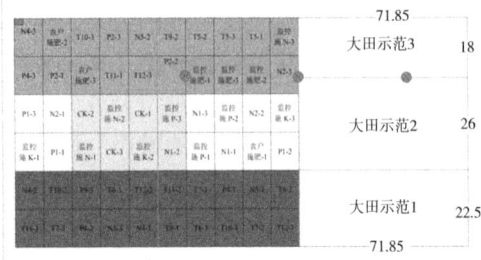

图 5-1 试验田情况

模拟农业生产中不同的施肥条件与强度。具体而言，实验采集的氮含量数据涵盖多个关键指标，包括但不限于土壤全氮（g/kg）、土壤速效氮（mg/kg）、土壤铵态氮（mg/kg）、土壤硝态氮（mg/kg）以及目标施肥量全氮（g/kg）等，共计收集了 135 条原始数据记录。由于当前数据样本量相对较小，难以充分覆盖小麦生长环境及施肥响应的潜在复杂性和变异性，不足以支撑机器学习模型（如复杂的回归模型或深度学习网络）的稳健训练，极易导致模型过拟合，即在训练数据上表现良好而在新数据上泛化能力差的问题。因此，在模型训练之前，必须对原始数据集进行科学的、有针对性的扩充。这可以通过应用多种数据增强技术来实现，如采用插值法（如线性插值或样条插值）在现有数据点间生成新样本，利用数据合成技术（如 SMOTE 或其变体）生成符合原始数据分布特征的新样本，或基于对现有数据统计分布（如均值、方差、协方差结构）的深入分析来生成模拟数据等。这些方法旨在有效增加样本数量，同时尽可能保持和增强数据集的代表性、多样性与统计可靠性，为后续构建准确、稳定的预测模型奠定坚实基础。原始数据如表 5-1 所示。

表 5-1 部分原始数据

土壤全氮 /（g/kg）	土壤速效氮 /（mg/kg）	土壤铵态氮 /（mg/kg）	土壤硝态氮 /（mg/kg）	施肥量全氮 /（g/kg）
0.978	60.7	8.01	3.54	22.334
0.981	58.7	8.01	1.5	25.814
0.98	61.4	1.33	2.14	24.613
……	……	……	……	……
1.202	52	9.67	1.94	26.908
1.023	46	5	2.76	35.295
1	51.4	7	2.25	28.458

三、灰色关联分析

为准确评估土壤各项数据参数与施肥量之间的关联程度，本研究采用灰色关联系数分析法进行计算。该方法能有效量化不同参数序列与施肥量参考序列之间的接近程度，揭示其内在关联。后续的模型参数选取依据计算得出的关联系数进行筛选。具体而言，优先选取灰色关联系数大于 0.5 的土壤参数作为关键输入变量。这样操作的核心目的在于：通过聚焦与施肥量关联性强的核心参数，剔除关联性弱的干扰因素，从而显著提升后续构建的施氮量预测模型的准确性与可靠性，灰色关联系数计算步骤如下：

步骤 1：确定母序列。这里是对土壤各种养分含量与施氮肥量关联程度，因此施氮肥量记作母序列，土壤养分含量参数记作子序列。

步骤 2：确定数据序列矩阵。共有四个子序列记作 X_1，X_2，X_3，X_4，和母序列 Y，每个参数有 135 条数据，故可以得到 135 5 矩阵。如公式（5-1）所示：

$$(X_i, Y) = \begin{bmatrix} X_1(1) & X_2(1) & \cdots & Y(1) \\ X_1(2) & X_2(2) & \cdots & Y(2) \\ \vdots & \vdots & \cdots & \vdots \\ X_1(135) & X_2(135) & \cdots & Y(135) \end{bmatrix} \quad (5-1)$$

步骤3：无量纲化也称为归一化。考虑到各个参数数值大小不一，数值过大或者过小都会影响计算结果，故在计算其相关系数时，需要进行无量纲化处理。无量纲化公式如公式(5-2)所示：

$$X_i(k) = \frac{X_i(k)}{\overline{X_i(k)}}, \ k = 1, 2, \cdots, 135; \ i = 0, 1, 2, 3, 4 \quad (5-2)$$

式中，k对应时间段，也就是对应135条数据，i对应数列中的某一列。

步骤4：计算关联系数$\xi_i(k)$和灰色关联度γ_i。如下公式(5-3)所示：

$$\xi_i(k) = \frac{\min_i \min_k |y(k) - X_i(k)| + \rho \times \max_i \max_k |y(k) - X_i(k)|}{|y(k) - X_i(k)| + \rho \times \max_i \max_k |y(k) - X_i(k)|} \quad (5-3)$$

$$\gamma_i = \frac{1}{135} \sum_{i=1}^{135} \xi_i(k) \quad (5-4)$$

根据灰色关联计算公式计算出各个土壤含量与施氮量之间关系，如表5-2所示：

表5-2 关联程度

因素	土壤全氮 （g/kg）	土壤速效氮 （mg/kg）	土壤铵态氮 （mg/kg）	土壤硝态氮 （mg/kg）
关联度	0.662 7	0.785 0	0.677 3	0.683 6

由表5-2可以看出灰色关联度都大于0.6,属于强相关,所以在模型训练时,将其4个参数全部送入模型进行训练,以达到预测结果更精确的目的。

四、研究方法

(一) Bootstrap

基于4类因素和135条测量样本,完成一年生作物的施氮量预测分析容易产生欠拟合现象,为此采用Bootstrap扩充样本数据量的方式,针对小样本数据开展预测分析。通过多次重复采样操作,与田间数据的重复采集能够形成映射,并实现数据集的扩充,进而得到预期的较大数据量数据集。该扩充采样方式主要应用于分类或者回归问题中[24,25],适于创造数据的随机性且保证数据的可靠性。

(二) SMOTE

SMOTE算法是一种基于随机过采样算法的改进方案,旨在解决随机过采样的固有缺陷。随机过采样通过简单复制原始数据来增加样本量,这种方法容易导致模型过拟合,因为它无法引入新的变化信息,从而降低了模型的泛化能力。相比之下,SMOTE主要用于应对数据集样本量不足和数据不平衡的问题[26],特别是在分类任务中少数类样本稀缺的场景。其改进的基本思想是:首先对原始数据进行深入分析,理解少数样本的特征分布和模式,然后依据这些样本随机生成新的人工合成样本。这些合成样本是通过在特征空间中插值实现的,即选取少数类样本的近邻点,并在线性组合的基础上创建新数据点,在不复制原始数据的情况下,有效扩充少数类样本的数量和多样性,提升模型的鲁棒性和分类性能。

合成数据流程如下:

步骤1：对于原始少量数据中的每一个样本 X，以欧氏距离标准计算它到原始样本集 S 中每个样本的距离，得到其 k 临近。

步骤2：根据样本不平衡比例设置一个采样比例，以确定采样倍率 N，对于每一个少数样本 X，从其 k 临近中随机选取若干个样本，假设选择的近邻为 X_n。

步骤3：对于每一个随机选出的 X_n，分别与原样本按照如下的公式构建新的样本：

$$X_{new} = X + rand(0,1) \times | X - X_n | \tag{5-5}$$

本实验针对原始样本数据集应用 SMOTE（Synthetic Minority Over-sampling Technique）算法进行平衡化处理。该算法通过在特征空间中识别少数类样本点的 K 近邻，并基于这些近邻点进行线性插值，从而合成具有代表性的新样本来增加少数类样本点的数量。这种基于特征相似性的合成策略有效缓解了原始数据中可能存在的显著类别不平衡问题，防止模型训练过程中因少数类样本不足而对多数类产生过度偏向，同时显著改善了对少数类模式的识别能力。

（三）极限梯度提升算法（XGBoost）

在机器学习各类模型中，XGBoost 算法（eXtreme Gradient Boosting）是一种高效的梯度提升决策树算法，其在 GBDT（Gradient Boosting Decision Tree）的基础上进行显著改进，通过引入 L1 和 L2 正则化项来有效防止过拟合，并支持高效的并行计算机制以优化训练效率，从而形成基于 Boosting 集成思想的加法模型，该模型通过迭代添加弱学习器来提升整体预测性能。与传统的机器学习模型相比，XGBoost 具有高效性、精度高、鲁棒性高等显著特点：高效性体现在处理大规模数据集时的快速训练能力，得益于其优化的数据结构和分布式计算支持；精度高则表现在各类基准测试中常居领先地位，这归因于其强大的特征重要性评估和树结构剪枝策略；鲁棒性高则体现在对噪声和缺失数据的强健容错性，能自动处理异常值并保持稳定输出。因此，XGBoost 广泛应用于数据挖掘、推荐系统、金融风险评估、医疗诊断、自然语言处理以及图像识别等多个领域，成为实际应用中备受青睐的预测工具，尤其在高维数据和复杂场景下表现出色[27,28]。

XGBoost（eXtreme Gradient Boosting）是一种高效且广泛应用的机器学习算法，由陈天奇等提出，它基于梯度提升的集成学习框架，旨在通过组合多个弱学习器来构建强大的预测模型。在该框架中，核心机制依赖于多棵决策树协同工作，这些树以串行方式逐步构建，每棵树专注于修正前序模型的错误，从而通过集体决策提升整体性能。

XGBoost 通过引入正则化项来有效控制模型的复杂度，防止过拟合现象。正则化机制包括 L1（Lasso）和 L2（Ridge）正则化，它们对决策树的叶节点权重施加惩罚，约束树的深度和节点数量。这不仅优化了模型结构，还显著提升了在未知数据上的泛化能力，确保模型在各种应用场景中表现稳健。具体算法流程如图 5-2 所示，该图详细描绘了从初始化、残差计算、树构建到最终集成的完整步骤。

实验设计中，将 XGBoost 算法与随机森林、支持向量机、决策树以及 K-means 聚类算法的预测结果进行了全面比较。为了确保评估的客观性和普适性，实验中精心选取了多个标准基准数据集，涵盖了不同规模与复杂度的实际场景。评估过程严格遵循了统一的实验流程，综合考量了包括准确率、召回率、F1 分数、AUC 值以及计算效率在内的多项关键性能指标。通过详尽的实验分析结合严谨的统计检验（如 t 检验），所得结果充分表明，XGBoost 在各项预测任务中均展现出显著且一致的优势。特别是在处理高维稀疏特征、捕捉复杂非线性关系

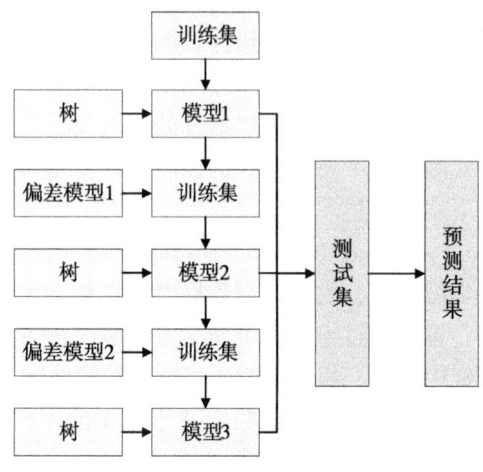

图 5-2 XGBOOST 算法流程图

以及提升模型泛化能力方面，其表现尤为突出。

(四) SBS-XGBOOST 模型

综合上述三类方法，本研究提出了一种名为 SBS (SMOTE+ Bootstrap) -XGBOOST 的创新模型。该模型的核心流程包括：首先，针对已划分的训练集和测试集，分别应用 SMOTE 算法进行数据平衡处理，有效缓解类别分布不均问题并生成更多代表性样本集。其次，对平衡后的数据采用 Bootstrap 方法进行重采样，通过随机有放回抽样策略扩充样本规模，增强数据多样性和鲁棒性。最后，将经过扩充的完整数据集输入到 XGBOOST 模型中，利用其高效的梯度提升决策树框架进行模型训练，优化预测性能。训练完成后，使用独立的测试集对模型进行全面验证，评估包括准确率、召回率和 F1 分数等关键指标，以确保模型的可靠性和泛化能力。整个设计的详细步骤与交互关系可参考图 5-3 所示。

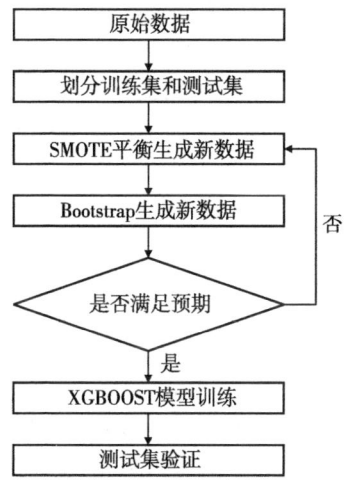

图 5-3 SBS-XGBOOST 流程

步骤 1：对原始数据进行划分，训练集 X_0 为 108 条（80%），测试集 Y_0 为 27 条（20%）

步骤 2：使用 SMOTE 算法对数据集 X_0，Y_0 进行平衡处理，得到数据集 X，Y。

步骤 3：使用 Bootstrap 放回重采样对 SMOTE 均衡之后的数据 X，Y 采样，生成新的数据集 X_1，Y_1。

步骤 4：重复上述步骤 2，3 操作 N 次，得到训练集 $X_1+X_2+\cdots+X_n$ 和测试集 $Y_1+Y_2+\cdots+Y_n$。

步骤 5：使用 XGBOOST 模型进行训练。

步骤 6：使用测试集对训练好模型进行验证。

（五）数据预处理

为了验证土壤中不同氮含量与施氮量的关系，通过机器学习方法进行科学合理的预测，以便于减少人工主观施肥造成氮肥的浪费。本研究将土壤全氮（g/kg）、土壤速效氮（mg/kg）、土壤铵态氮（mg/kg）、土壤硝态氮（mg/kg）作为输入因子去预测输出量施肥量全氮（g/kg）。小麦原始数据样本通过 SBS 方法得到扩充，由于各个输入变量差异很大，如果直接用于训练会导致预测结果过度离散。为了消除数据输入和输出之间的差异，更好地反映数据之间关系，且便于模型训练，提高模型的收敛速度和精度，在模型训练之前需要对数据进行预处理，即归一化操作，将数据归置到 [0, 1] 之间。归一化公式 (5-6) 所示：

$$x'_i = \frac{x_i - x_{\min}}{x_{\max} - x_{\min}} \tag{5-6}$$

式中，x_i ($i=1, 2, \cdots, n$) 为第 i 个样本数据；x'_i 为归一化之后数据；$x_{\max}$ 为 x_i 中的最大数据；$x_{\min}$ 为最小数据。

（六）模型评估指标

为了检验模型预测有效性，采用多项评估指标对其进行对比分析。第一，对比原始数据和使用 SBS 方法扩充的数据，证明 SBS 方法可行性。第二，扩充之后的数据与原始数据分别送入决策树、支持向量机、K 临近和随机森林进行预测，与 XGBOOST 结果进行对比，证明 SBS-XGBOOST 在模型预测中的优越性。

评估指标包括：绝对误差（MAE）、均方误差（MSE）和 R^2。具体指标公式如（5-7 至 5-9）：

$$MAE = \frac{1}{n} \sum_{i}^{m} |y_i - \widehat{y_i}| \tag{5-7}$$

$$MSE = \frac{1}{n} \sum_{i=1}^{m} (y_i - \widehat{y_i})^2 \tag{5-8}$$

$$R^2 = 1 - \frac{\sum_{i=1}^{m}(y_i - \hat{y_i})^2}{\sum_{i=1}^{m}(y_i - \bar{y}^2)} \qquad (5-9)$$

式中，y_i 为小麦作物施肥量真实值；$\hat{y_i}$ 为小麦作物施肥量预测值；$\bar{y}$ 为施肥量均值。

五、实验结果分析

实验将从两个方面全面且系统地证明 SBS-XGBOOST 模型相较于现有方法的显著优势。通过实验设计，将 SBS-XGBOOST 模型与多种广泛应用的经典机器学习模型进行详细对比分析，这些模型包括决策树、随机森林、支持向量机等。在相同的实验环境和基准数据集下，我们将严格采用准确率（Accuracy）、召回率（Recall）、精确率（Precision）以及 F1 分数（F1-Score）等关键性能指标，全面量化评估各模型的预测效果。通过详尽的性能对比表格和可视化结果展示，实验论证 SBS-XGBOOST 模型在预测结果的精准性上显著优于传统机器学习方法，尤其在处理复杂模式识别或高维特征数据时表现更为突出。

为了探究 SBS 技术在提升模型性能中的作用，采用 SBS（Sample-Based Smoothing）技术对原始训练数据集进行有效扩充，生成具有更高信息密度和分布代表性的增强样本集。随后设计对比实验，分别将原始数据集和经 SBS 扩充后的增强数据集输入到 XGBOOST 模型以及前述提到的常见机器学习模型（决策树、随机森林等）中进行训练和预测。通过系统性地分析模型在原始数据与增强数据上表现出的误差率（Error Rate）、F1 分数（F1-Score）以及 AUC（Area Under Curve）等综合评估指标的变化趋势与差异。

(一) 数据集对比

数据集来源于奇台县麦类实验站的施肥记录,总计包含 135 条数据条目,涵盖了施肥量、作物类型、土壤条件等关键变量。这些数据采集自实际田间实验,具有较高的代表性和真实性。为了系统评估 SMOTE 与 Bootstrap 结合方法的可行性,对原始数据集与经过该方法扩充后的数据进行了详细对比分析。SMOTE(合成少数类过采样技术)用于平衡数据分布,而 Bootstrap 则通过重复采样生成新样本,以增强模型的泛化能力。图 5-4 直观地反映了数据扩充对样本多样性和覆盖范围的提升效果。

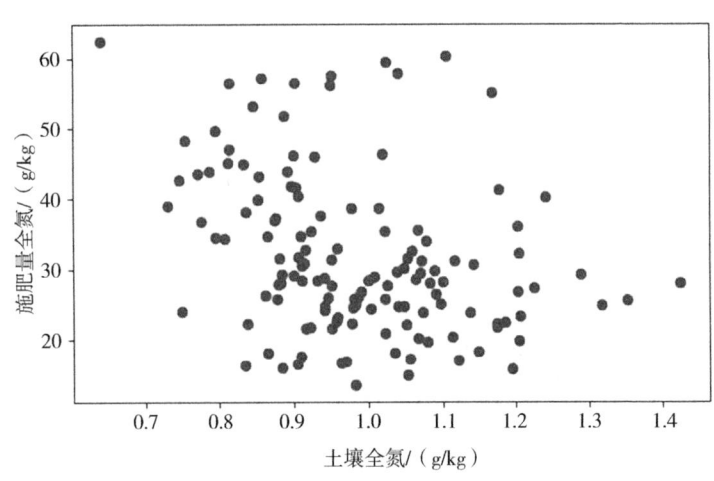

(a) 土壤全氮原始数据

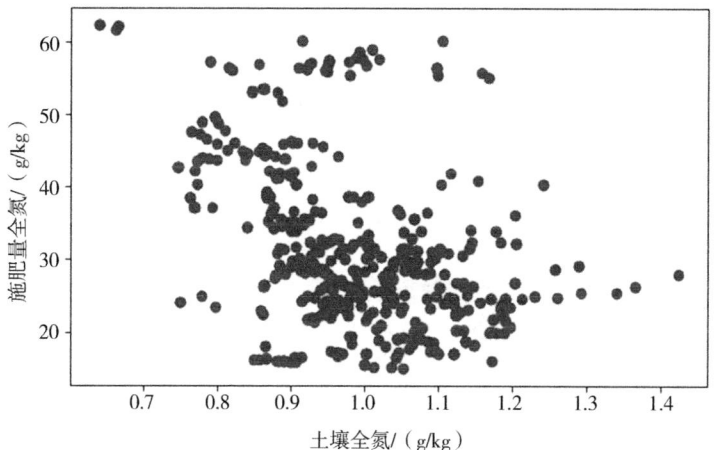

(b) 土壤全氮扩充后数据

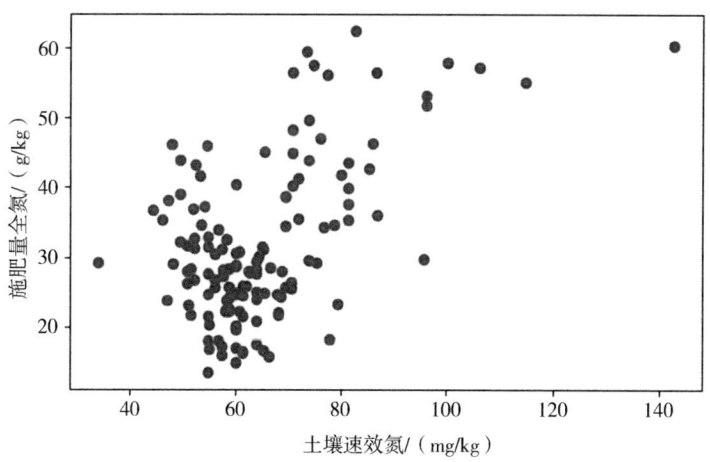

(c) 土壤速效氮原始数据

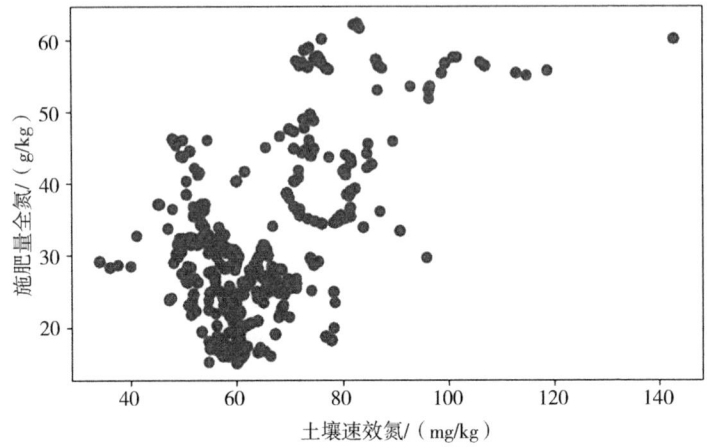

(d) 土壤速效氮扩充后数据

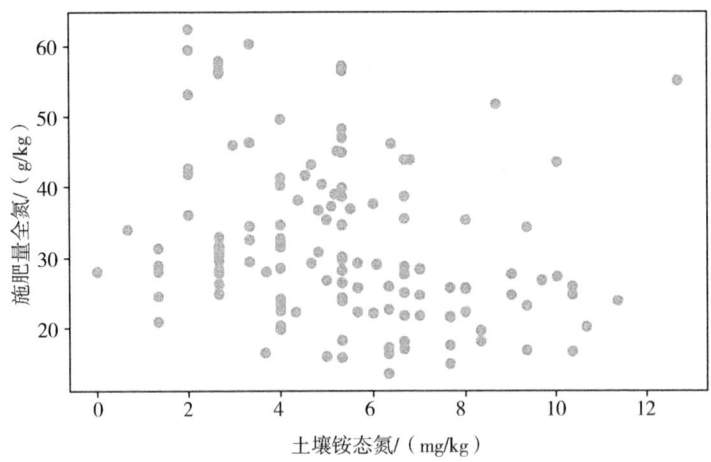

(e) 土壤铵态氮原始数据

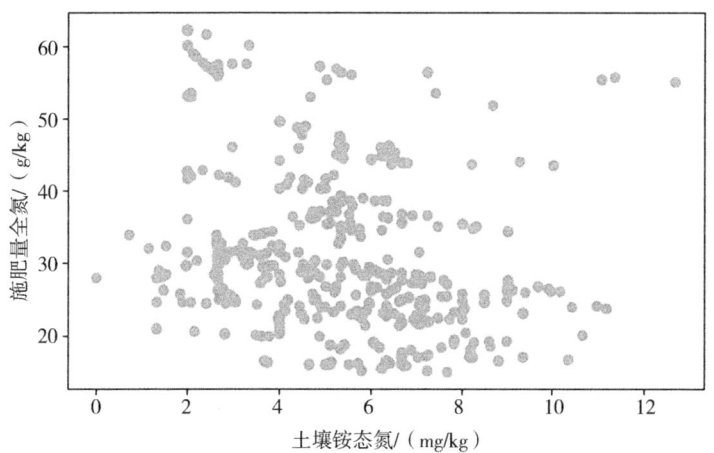

(f) 土壤铵态氮扩充后数据

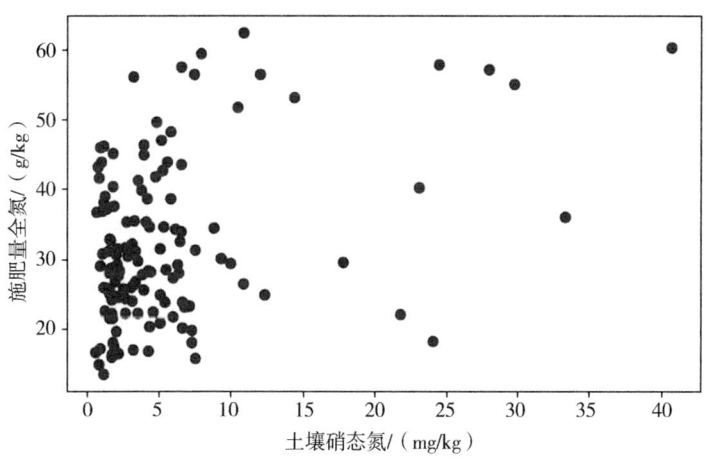

(g) 土壤硝态氮原始数据

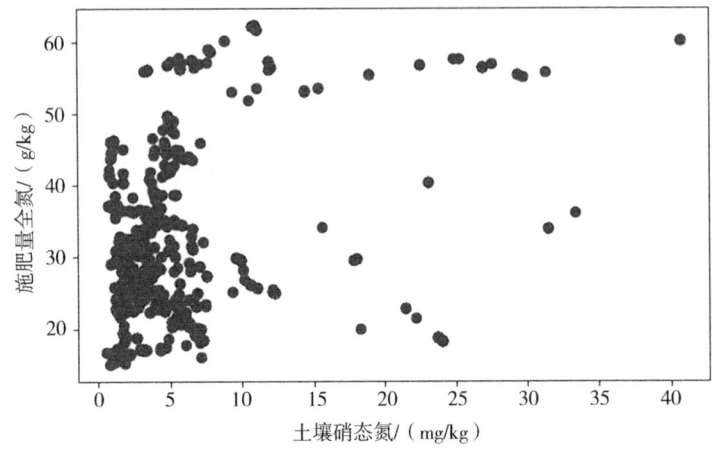

(h) 土壤硝态氮扩充后数据

图 5-4　数据对比

由上图 5-4 可以看出，原始数据集存在明显的不均衡性问题。原始数据共包含 135 条记录，其类别分布不均匀，可能导致后续分析或模型训练出现偏差。为解决这一不均衡性，采用了 SMOTE（Synthetic Minority Over-sampling Technique）方法进行均衡化处理。SMOTE 通过在少数类样本之间随机生成新的合成样本点，有效增加少数类的数量，从而确保数据分布的均衡性，避免模型过拟合或欠拟合。同时，为增强数据的真实性和扩充过程的随机性，结合使用了 Bootstrap 放回采样技术。Bootstrap 方法通过有放回地随机抽取原始数据样本，生成多个新的数据集，这不仅保持了原始数据的真实特征，还通过随机采样保证了扩充过程的不可预测性和可靠性，使整体数据扩充结果更具代表性。经过 SBS 方法扩充后的完整数据集，其详细统计信息如表 5-3 所示。

表 5-3　扩充后数据集

土壤全氮 /（g/kg）	土壤速效氮 /（mg/kg）	土壤铵态氮 /（mg/kg）	土壤硝态氮 /（mg/kg）	施肥量全氮 /（g/kg）
1.053 164	59.497 88	2.67	1.885 715	29.804 65
0.923 812	72.444 93	2.642	7.079 94	56.953 44
1.066 718	64.059 67	3.638 357	9.885 575	29.608 99
……	……	……	……	……
0.932 453	54.876 36	7.090 895	1.874 531	24.823 47
0.904 925	61.195 21	3.738 093	2.143 377	16.456 73

（二）实验结果对比分析

使用 SBS 方法（一种基于样本合成的数据扩充技术）对原始数据进行扩充后，将扩充后的数据集输入到多个机器学习模型中进行性能对比分析。可以看出，在原始数据集中，采用 80% 的数据作为训练集，20% 作为测试集，但各种机器学习模型的预测精度和效果均表现不佳，主要原因是数据样本量不足导致模型难以捕捉复杂模式。原始数据预测结果如图 5-5 所示，直观地展示了预测准确率和稳定性较低的问题。

在使用 SBS 方法之后，所有模型的预测结果均明显向原始数据靠拢，预测精度相对得到提升，这体现了 SBS 方法的优化效果。具体来看，XGBOOST 模型在与其他常用模型（如 LSTM 和随机森林）的对比中，展现出更低的误差率和更高的预测准确度，其预测值与实际施肥量数据的高度吻合进一步突显了其优势。这一结果不仅验证了 SBS 方法对模型性能的增强作用，还充分证明了 SBS-XGBOOST 组合模型在处理小麦小样本施肥量预测问题中的可行性和实用性，为小样本数据场景下的精准施肥提供了可靠依据。具体结果如图 5-6 所示。

为证明 SBS 方法的有效性，本研究使用 MAE（平均绝对

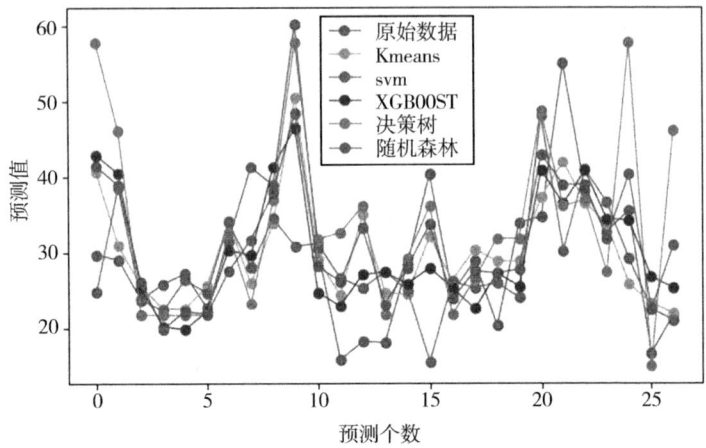

图 5-5 原始数据预测结果

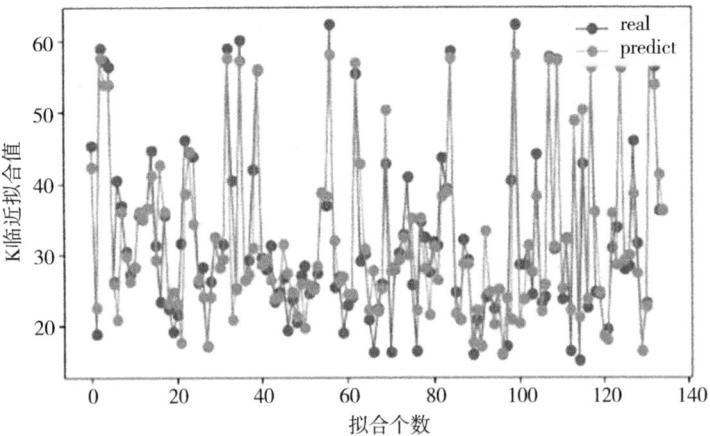

(a) K-means 预测结果

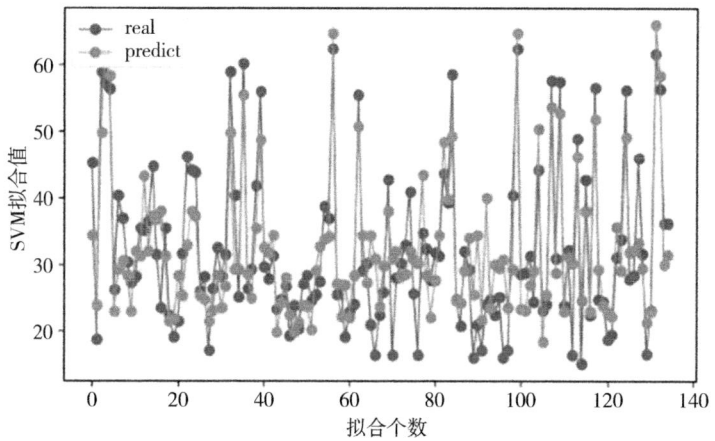

(b)支持向量机预测结果

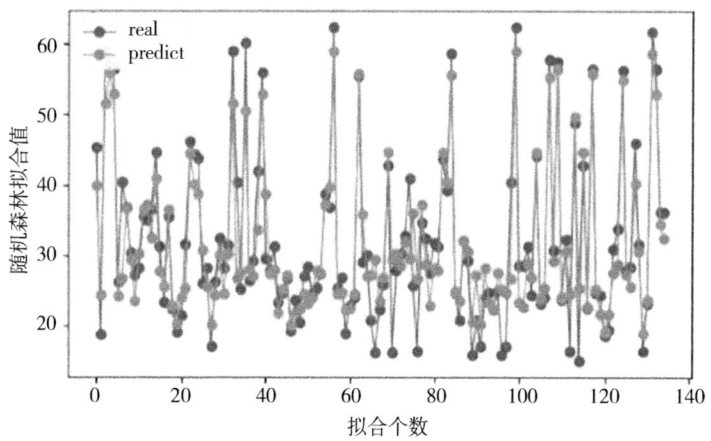

(c)随机森林预测结果

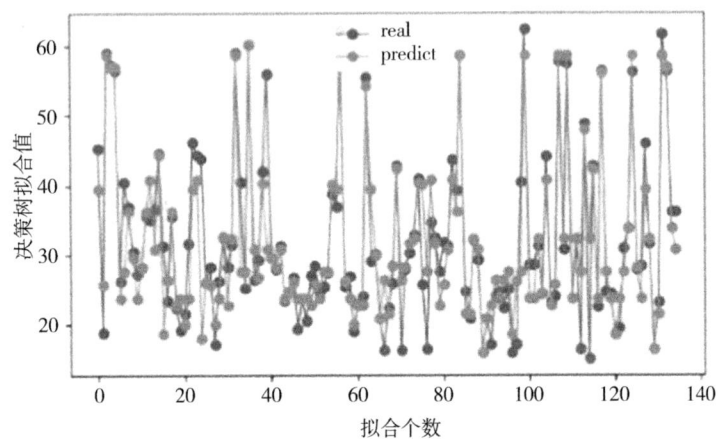

(d)决策树预测结果

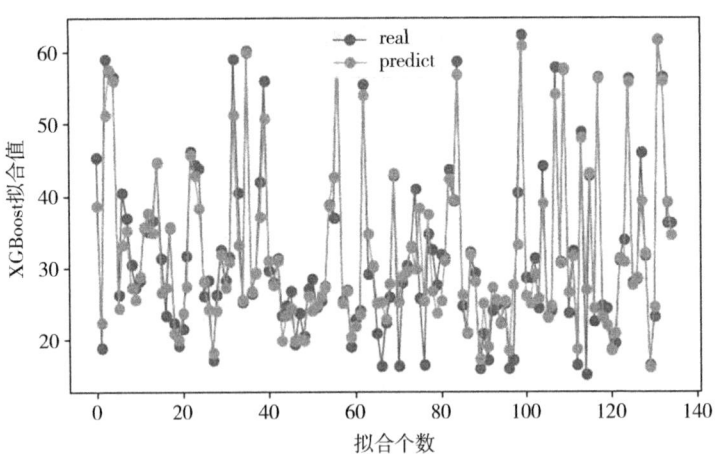

(e)XGBoost 预测结果

图 5-6　模型预测结果

误差)、MSE(均方误差)和 R^2(决定系数)等评估指标,对原始数据集和经过 SBS 方法扩充后的数据集进行了不同回归模型的对比分析。具体包括多种回归算法,如线性回归、决策树回归和随机森林回归等,以全面评估模型在数据增强前后的性能差异。对比结果详细展示在表 5-4(原始数据评估)和表 5-5(扩充后数据评估)中。

表 5-4 原始数据评估表

评估指标 评估模型	MAE 平均绝对误差	MSE 均方误差	R^2 决定系数
随机森林	6.040	57.573	0.474 161
支持向量机	7.586	115.061	-0.050 909
决策树	8.078	109.543	0.058 061
K-means	5.739	53.007	0.515 867
XGBOOST	6.711	66.802	0.389 865

表 5-5 扩充后数据评估表

评估指标 评估模型	MAE 平均绝对误差	MSE 均方误差	R^2 决定系数
随机森林	3.375	21.393	0.850 819
支持向量机	5.208	39.547	0.733 703
决策树	3.259	30.043	0.797 704
K-means	3.366	29.920	0.798 532
XGBOOST	2.393	13.027	0.912 280

由表 5-4 和表 5-5 可知,在对原始数据预测时,随机森林、支持向量机、决策树、K-means 和 XGBOOST 的 MSE 都高达 50 以上,支持向量机均方误差高达 115,MAE 都在 5 以上,R^2 最高的是 K-means 为 0.515 8,实际预测结果与真实结果相

差很大，预测精度不高。引入 SBS 方法，划分完数据集之后，对训练集和测试集分别进行了平衡处理，然后再使用 Bootstrap 方法分别进行扩充，可以发现使用 SMOTE 处理之后再进行扩充的数据集在使用各个模型进行回归预测都有不同程度的提高，主要原因是 SMOTE 增加了样本特征，使数据集更加合理，克服后续样本扩充导致过拟合问题。使用 Bootstrap 扩充样本，一方面增加了数据的随机性，另一方面使数据集样本量增加，使各个模型预测结果和精度都得到提高，其中 XGBOOST 预测效果是最佳的。MAE 为 2.393，相较于其他预测模型的 MAE 相比，降低了 0.9 以上，MSE 将到 13.027，相较于其他模型，降低了约 8.6 以上，R^2 为 0.912 2 相较于其他模型，提高了约 0.06。使用 SBS 方法各模型预测结果与原始数据预测结果对比可以发现，随机森林 MSE 降低了约 36，MAE 降低了约 2.7，R^2 提高了约 0.38；支持向量机 MSE 降低了约 75.5，MAE 降低了约 2.4，R^2 提高了约 0.78；决策树 MSE 降低了约 79.5，MAE 降低了约 4.8，R^2 提高了约 73；K-means 的 MSE 降低了约 23，MAE 降低了约 2.4，R^2 提高了约 0.28；XGBOOST 的 MSE 降低了约 54，MAE 降低了约 4.4，R^2 提高了约 0.52。可见 SBS 方法对于小数据样本扩充有一定优势，本研究提出的 SBS-XGBOOST 模型在对小麦小数据样本施氮量的预测方面具备优越性，同时也为其他小样本数据预测提供借鉴。

参考文献

[1] 袁旭，张家安，常飞杨，等. 我国肥料施用现状及化肥减量研究进展 [J]. 农业与技术，2022，42 (18)：20-23.

[2] 王秀娟. 施肥量和施肥方式对小麦生长发育和产量

的影响 [J]. 特种经济动植物, 2024, 27 (2): 25-27.

[3] PATRICK HEFFER (IFA), ARMELLE GRUÈRE (IFA), TERRY ROBERTS (IPNI). Assessment of Fertilizer use by crop at the global level2014 - 2014/15 [R]. Paris:International fertilizer association (IFA) and international plant nutrition institute (IPNI), 2017. https://api. ifastat. Org /reports / download/ 12246.

[4] CASSMAN K G, DOBERMANN A, WALTERS D T. Agroecosystems, nitrogen-use efficiency, and nitrogen management. Ambio, 2002, 31: 132-140.

[5] 邹新华, 林善耕, 童杰明, 等. 杂交玉米"3414"施肥法肥料效应分析 [J]. 广东农业科学, 2013, 40 (15): 76-78.

[6] D POKRAJAC, Z OBRADOVIC. Neural network - based software for fertilizer optimization in precision Farming [C]. International joint conference on neural Networks, 2001: 2110-2115.

[7] P MARTI, A ROYUELA, J MANZANO, et al., Improvement of temperature based ANNModels for ET Prediction in Coastal locations by means of preliminary models and exogenous Data [C]. Eighth international conference on IEEE, 2008: 344-349.

[8] 唐晨曦. 基于深度学习的枳壳智慧种植水肥一体化系统 [D]. 大连: 大连理工大学, 2021.

[9] 王丽娟, 吕途, 马刚, 等. 基于模糊控制的水肥一体化控制策略 [J]. 江苏农业科学, 2018, 46 (23): 238-241.

[10] 刘炳铄. 果园分布式水肥一体化系统设计与实现[D]. 泰安：山东农业大学, 2021.

[11] PRABAKARAN G, VAITHIYANATHAN D, GANESAN M. Fuzzy decision support system for improving the crop productivity and efficient use of fertilizers [J]. Computers and electronics in agriculture, 2018, 150: 88-97.

[12] J BARRADAS, S MATULA, F DOLEZAL. A decision support system-fertigation simulator (DSS-FS) for design and optimization of sprinkler and drip irrigation Systems [J]. Computers and electronics in agriculture, 2012, 86 (6): 111-119.

[13] 于合龙, 吴晖霞, 刘寒静, 等. 基于手机LBS和移动GIS的玉米精准施肥决策系统 [J]. 吉林农业大学学报, 2019, 41 (1): 120-126.

[14] JORGE A DELGADO, KEVIN KOWALSKI, CALEB TEBBE. The first Nitrogen Index app for mobile devices: Using portable technology for smart agricultural management [J]. Computers and Electronics in Agriculture, 2013 (9): 91.

[15] 李自豪. 基于知识的果园水肥一体化智能专家系统关键技术的研究 [D]. 泰安：山东农业大学, 2022.

[16] 陈朗, 刘文欢, 刘思雨, 等. 柑橘营养施肥推荐专家系统的建立与验证 [J]. 农业工程学报, 2023, 39 (1): 146-154.

[17] 徐恒玉. 基于专家知识库的智能施肥灌溉决策系统设计 [J]. 农机化研究, 2023, 45 (3): 133-

137.

[18] 王丹丹,李岚涛,韩本高,等.养分专家系统推荐施肥对夏玉米生理特性及产量的影响[J].农业资源与环境学报,2022,39(1):107-117.

[19] 包红静,邢月华,刘艳等.养分专家系统推荐施肥对玉米产量及肥料利用率的影响[J].辽宁农业科学,2016(2):74-76.

[20] 滕青芳,秦春林,党建武.利用神经网络建立土壤施肥模型的应用研究[J].兰州铁道学院学报,2002,21(4):54-57.

[21] 马成林,吴才聪,张书慧,等.基于数据包络分析和人工神经网络的变量施肥决策方法研究[J].农业工程学报,2004,20(2):152-155.

[22] 兰维娟,毛鹏军,杜东亮,等.基于径向基函数网络的变量施肥决策研究[J].安徽农业科学,2007,35(21):6505-6507.

[23] 马晓蕾,范广博,李永玉,等.精准施肥决策模型与数据库系统[J].农业机械学报,2011,42(5):193-197.

[24] DAVISON A C, HINKLEY D V. Bootstrap methods and their application [M]. Cambridge: Cambridge university press, 1997.

[25] 罗凯靖,张育铭,何玉林,等.Bootstrap样本大数据模型和分布式集成学习方法[J/OL].大数据,1-20[2024-02-23].https://kns-cnki-net.webvpn.xjau.edu.cn/kcms/detail/10.1321.g2.20231124.1444.002.html.

[26] 王乐,韩萌,李小娟,等.不平衡数据集分类方法

综述[J]. 计算机工程与应用, 2021, 57 (22): 42-52.

[27] 丁海萌, 郭小燕. 基于 SMOTE_GA_XGBoost 的葡萄酒质量预测[J]. 智能计算机与应用, 2024, 14 (1): 147-151.

[28] 吴增源, 金灵敏, 韩香丽, 等. 基于 SMOTE-XGBoost 的外贸企业财务危机预警模型[J/OL]. 计算机工程与应用, 1-12 [2024-02-23]. https://kns-cnki-net.webvpn.xjau.edu.cn/kcms/detail/11.2127.TP.20240102.1528.006.html.

第6章 小麦生长可视化及决策平台

一、绪言

随着国家对智慧农业的政策支持[1]，农业信息化日益突显其重要性，这不仅体现在提升农业生产效率上，还关系到整体农业的可持续发展[2]。农业信息采集作为关键环节，不仅需要全面覆盖土壤信息的采集，还必须整合气象数据、养分数据以及其他相关环境指标，以构建完整的农业生态数据库。

在针对农业大方向上的探索中，马建斌在《"大智移云"[3]技术综述及"智慧农机"应用实例[4]》中系统提出了智慧农机概念，它深度融合了云计算技术、平台可视化工具以及数据分析决策系统。具体而言，云计算用于高效处理海量农业数据，平台可视化以图表和地图形式直观展示信息[5]，而数据分析决策则运用推荐算法（如基于作物需求的施肥建议）和预测算法（如病虫害预警），为用户提供个性化、精准化的服务，从而实现农业全过程的智能化管理，降低生产成本并提升决策效率。

中国农业科学院投身研发，推出了农业信息监测平台，该平台从农业生产的最初环节（如播种和育苗）开始实时监测[6-8]，通过部署在田间的传感器网络收集环境数据（包括光照、土壤湿度和空气成分），并利用先进的大数据分析技术进行实时预警（如当检测到异常干旱或病虫害风险时自动发送警报给相关农户），最终以交互式仪表盘和移动应用等直观方式呈现给用户，帮助农民及时调整生产策略，减少损失并优化资源投入，从而显著提升农业生产效率和可持续性。此外，该平台还支持远程监控和历史数据回溯，为农民提供长期生产决策依据。

我国响应智慧农业号召，构建可视化管理平台，虽然在农业方面应用广泛（如水稻和玉米等作物），但针对小麦作物的研究却鲜有报道。小麦在我国的地位非常重要（作为主粮之一），且小麦从播种到成熟生长周期较为缓慢，在生长过程中容易受周围环境的影响（如温度波动和病虫害侵袭）。而且小麦生长过程中会积累大量的数据（包括生长指标和环境影响），即使有数据的产生，但是数据采集不完善（如传感器覆盖不足）、数据量大且复杂无序（存在冗余和噪声），存在信息孤岛等缺点（不同系统间数据不互通），使小麦产业目前仍面临以下问题[9]：（1）小麦生产定量化和信息化不足，缺乏精准监测和预测模型；（2）小麦产业形势严峻，目前对小麦进行灌溉方式较为统一，凭借自身经验和他人指导进行统一灌溉（如不分区域和生长期统一用水），这不仅可能造成水资源浪费（如过量灌溉导致土壤盐碱化），而且还可能导致小麦生长不良（如根系发育受阻）；（3）小麦产业技术需要升级，需要结合新型技术（如物联网和大数据）与传统农业相结合，不仅需要农学资源（如育种和土壤管理），还需要理工学计算机等专业的资源（如算法开发和系统集成），以应对复杂多变的生产环境[10-13]。

为了解决上述问题，本研究将基于 Python 语言、Django 框架和 Mysql 数据库来对可视化平台进行设计，构建一款集小麦生长数据可视化和需水决策为一体的可视化平台，将小麦在生长过程中各个影响因子（如气象和土壤参数）在平台以

Echarts 图表（如折线图、柱状图和热力图）直观呈现出来，给用户更加清晰和实时的感受。其中，平台包括 5 部分：主界面（展示影响小麦的所有核心因子，包括实时数据和趋势分析）、气象影响因子模块（详细显示当地的气象数据，如温湿度、风向风速和降水量）、土壤影响因子模块（监测小麦土壤的温湿度和养分水平）、历史记录查询模块（支持对之前历史数据进行多条件检索和图表对比）和需水量决策模块（通过输入气象因子，如日均温度、风速、湿度、降水量，结合机器学习模型智能计算最优浇水量，提供精准灌溉建议），旨在帮助农户科学管理水资源，提升小麦产量和品质。

二、平台需求分析

（一）功能需求分析

小麦数据可视化平台主要包括以下功能：(1) 数据存储功能。将获取到的田间数据或者气象数据进行存储记录，方便后续调用观察，并为决策做出依据。(2) 数据展示功能。将数据以更加直观的方式进行展示，方便农户使用和观察。包括使用 Echarts 图表。(3) 平台决策功能。平台可依据当前气象信息对小麦需水量进行决策或者依据当前氮含量信息对小麦施氮量进行决策。(4) 用户管理功能。实现对用户信息的增删改查操作。平台功能如图 6-1 所示。

1. 数据存储功能需求

数据存储功能需求主要是为平台提供数据的来源，数据主要分为两部分，一部分是田间获取的实时数据，另一部分是历史库的历史数据。都需要将数据先保存数据库中，然后平台对数据库中数据进行调用。数据存储信息包括：日均温度、最高最低温度、相对湿度、风速、降水量、土壤温度、土壤湿度、

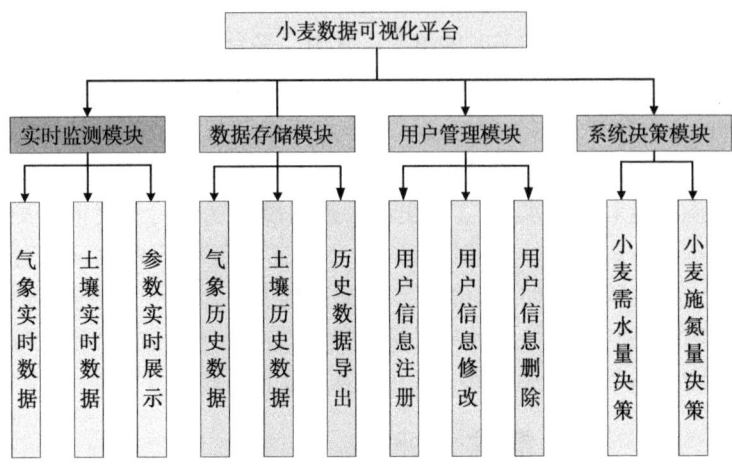

图 6-1 小麦可视化功能图

土壤含氮量等土壤数据。数据存储信息具体见表 6-1。

表 6-1 数据存储信息表

对象	数据内容	数据类型
时间	历史时间	静态数据
日均温度	历史某一天气象的平均温度	静态数据
最高温度	历史某一天气象的最高温度	静态数据
最低温度	历史某一天气象最低温度	静态数据
相对湿度	历史空气湿度变化情况	静态数据
风速	历史风速变化情况	静态数据
降水量	历史的降水量	静态数据
土壤温度	历史土壤温度变化情况	静态数据
土壤湿度	历史土壤湿度变化情况	静态数据
土壤含氮量	历史土壤含氮量变化情况	静态数据

2. 数据展示功能需求

数据展示要更加直观的将小麦生长过程中实时数据展现出来，它关系到用户对数据可视化的第一印象和实际应用效果[14]。因此，在数据展示方面，要对平台进行科学的设计，以更好的视觉形式呈现出来，如使用 Echarts 图表、独具风格的字体或者颜色，以便用户可以更加直观的对小麦生长环境进行观察。同时，要考虑小麦环境数据特点，选择合适的图标或者布局，数据展示要有合理性和科学性。数据展示功能信息表如表 6-2 所示。

表 6-2 数据展示功能信息表

对象	数据内容	数据类型
时间	当前所示时间	动态类型
气象温度	当前环境温度	动态类型
气象湿度	当前环境湿度	动态类型
风速	当前风速	动态类型
降水情况	当日降水情况	动态类型
土壤温度	当前土壤温度	动态类型
土壤湿度	当前土壤湿度	动态类型
土壤氮含量	当前土壤氮含量	动态类型

3. 平台决策功能需求

通过平台整合数据存储和数据展示达到平台可视化功能，实时数据和历史数据可以同时在可视化界面进行呈现，方便农户了解。同时，针对传统农业大水大肥问题，实现科学、精准化浇灌和施肥，需要通过气象数据可以实现对小麦需水量进行决策，达到合理浇灌目的，节约水资源；同时通过土壤养分含量实现对小麦氮含量决策,达到精准施肥目的,节省氮肥资源。依据平台气象数据和土壤养分含量,进行参数输入,得到精确的小麦需水量和施肥量,为用户提供科学合理的决策方案[15-17]。平台决策功能信息表如表6-3所示。

表6-3 平台决策功能信息表

对象	数据内容	数据类型
时间	进行决策时间	动态类型
气象温度	当日平均温度	静态类型
气象湿度	当日平均湿度	静态类型
风速	当日平均风速	静态类型
降水情况	当日降水量	静态类型
需水量决策	小麦精确需水量	动态类型
土壤养分含量	当前土壤养分含量	动态类型
施氮量决策	小麦精准施氮量	动态类型

4. 用户管理功能需求

用户所查看的信息为数据库中获取得到的数据,为保障数据安全,需要为用户注册管理信息,在对平台进行数据查询或者决策查询之前需要登录个人信息,若没有注册个人信息,则将无法登录,进而保障数据安全。当用户注册个人信息之后,则可进行小麦数据查询和需水量、施肥量的决策,还对界面管理界面进行增删改查操作,满足用户一切需求。用户管理功能需求信息表如表6-4所示。

表6-4 用户管理功能需求信息表

对象	数据内容	数据类型
时间	进行登录时间	静态类型

(续表)

对象	数据内容	数据类型
用户名	当日平均温度	静态类型
登录密码	当日平均湿度	静态类型

(二)非功能需求分析

对小麦数据可视化平台除了要求功能需求外,还应在其性能(非功能需求)方面具有良好表现,以保障平台持久运行,用户有更好的体验感。具体非功能需求如下:

(1)稳定性。一个系统具有良好的稳定性,才能得到更多用户支持,所以要保障系统的稳定性。

(2)通用性。小麦可视化平台在设计过程中要考虑到用户教育水平和使用水平,因为具有较高科研水平和专业性人员较少,在设计时要结合我国实际情况,保证平台设计可以满足不同教育水平人使用,同时在可视化平台设计要尽可能简洁、具有易操作性,要充分考虑农户对计算机使用程度,尽可能使用简单的操作框方便农户操作。在进行决策时,农户可以直接查看气象数据或者土壤养分含量,进而输入参数进行精准化决策,一切为用户着想。

(3)易开发性。可视化平台不仅要学习当前主流云平台设计思路,还要推陈出新,不断补充和进步,进行分模块设计,在系统升级或者功能优化时,只需对某一模块做出调整,就可完成对整部分的修改,避免出现代码重复冗余问题。

(4)可维护性。平台在设计之初就应该考虑后续维护问题,故小麦可视化平台必须具备可维护功能,为了日后更好进行代码修改完善,需在编程过程中对代码进行合理注释,方便个人或者团队成员进行维护升级。

三、平台总体设计

本系统所展示数据皆来自 MySQL 数据库，以数据库为中心，将数据库中小麦所产生的数据及气象数据传输到平台进行合理布局展示。通过 Echarts 图标将数据进行更加直观的展示，还包括在平台上依据气象数据进行需水量决策，依据土壤养分含量进行施氮量决策，其结果都与数据库关联，在平台实现对数据的增删改查操作。可视化平台整体由数据库、Penman-Monteith 公式、人工神经网络、机器学习算法共同完成数据的存储、分析、计算及预测，为用户提供便捷的操作。系统总体框架如图 6-2 所示。

（1）数据感知层。该层主要为数据存储层提供数据，是必不可少的一层，主要包括温度、湿度、风速、降水量等气象数据，和土壤养分含量、土壤温湿度等数据。目前该层由观测站和气象站进行数据测量，并将数据传送到数据存储层。

（2）数据存储层。该层由 MySQL 数据库进行数据存储，将数据感知层获取到的数据进行存储，为用户 UI 界面展示提供数据，为决策应用层预测模型提供数据支撑，同时包含用户管理信息，方便用户更便捷对平台进行管理操作。

（3）决策应用层。该层是整个系统的核心，通过获取数据存储层的数据，利用气象数据完成对小麦需水量的预测，为农户提供科学合理的小麦需水量；将土壤养分含量进行分析，进行氮含量预测，为农户提供精准的小麦氮含量施肥决策，达到节水省肥目的，在一定程度上缓解因浪费造成的环境污染问题。

（4）用户 UI 界面。用户不仅可以实现对小麦生长环境数据的实时查看，查看历史数据等信息，在界面还可以通过输入参数进行需水量和施肥量的决策，提供决策支撑，在管理界面

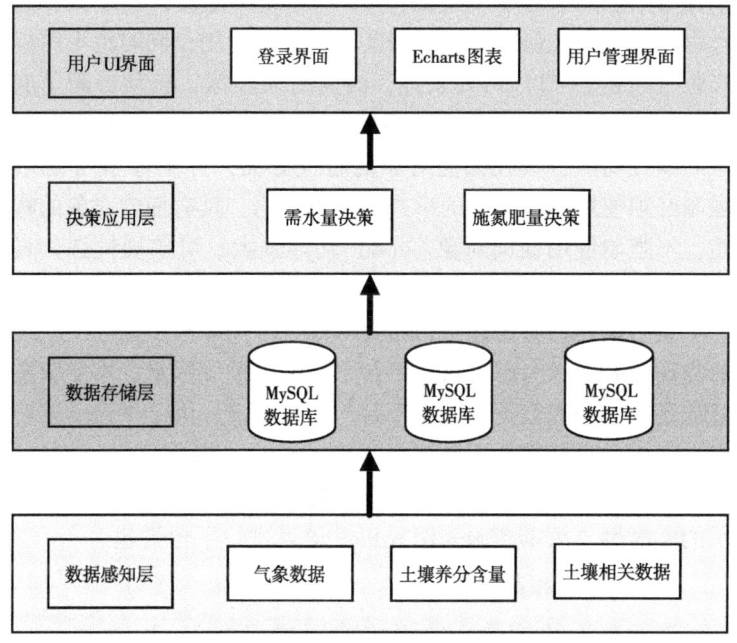

图 6-2 系统总体框架

的进行增删改查操作，完成用户与系统之间的交互。

四、程序语言和框架选择

（一）平台语言选择

当前搭建平台的主流平台语言分为两种，一种为 Java 语言，它是一套灵活性和规范性都较强的编程语言，尤其是在编写大型工程项目时，其灵活性和规范性更加突出；另外一种是 python 语言，它是一种语法简单，具有极简主义的编程语言，其在编写过程中，对格式要求并不像 C、Java 等语言那么严格，程序员可以不必在一些细节方面投入太多精力，进而节省编程时间。其具有以下特点：(1) 开源且免费，程序员在进行程序或者算法研究时，不需要支付任何费用，同时也不用担心版权问题。(2) 可封装性，因其封装较深，自动屏蔽了底层的一些细枝末节，方便程序员进行调用。(3) 具有面向对象的编程功能，其在面向对象的特性方面，并不像 Java 那般强制必须使用类和对象的形式来组织代码，具有面向对象的特性，不强制使用面向对象。(4) 功能强大、可扩展性强，具有多种功能模块，仅需调用相应 API 就可以解决问题。

使用编程语言搭建平台需要考虑各方面因素，搭建平台之前的功能和需求考虑，搭建平台之后的维护等因素。本实验搭建的是关于小麦数据可视化平台与决策系统，由于平台需要稳定性，因此后续需要不断进行平台的维护，以保证其稳定性，并且平台还需要和数据库的频繁数据交互，以保证平台数据展示的实时性。故本实验采用 python 语言进行平台搭建。

(二) 平台框架选择

在 python 语言中，主流的前端框架有 Flask 和 Django。Flask 是一种轻量级的、功能齐全、高扩展性，可以轻松构建自己需求的平台。另外一种是 Django 框架，其是一种相应快速、开发效率高的前端框架，采取 MTV 设计模式，采用前后端分离的方法，提高了开发效率，具有很强的灵活性、可扩展性、可维护性等特点。在系统前端应用开发过程中，Django 可以很快处理发送到来的请求，并作出回应，以保证程序的稳定性，是一种重量级框架，提供多种功能的组件，适用于不同需求的前端应用程序开发。考虑到小麦参数数据种类多，并且和数据库相应频繁，需要持续的稳定性，并且其具有的决策功能需要与数据库关联，故 Django 框架更适合小麦数据可视化平台开发。

前端框架不仅需要稳定的 Django 开发框架，也需要优化页面的美观框架。虽然 Django 框架自带前端模板，但这些模板往往是比较简单、美观程度欠佳的，可能会影响用户的体验感，故采用主流的前端框架 bootstrap。

针对小麦数据可视化平台及决策系统，设计选择 bootstrap 和 Django 来作为前端的框架，Django 框架包括多个部分，其中主要的有 models、wiews 和 urls。其中 models 是对数据库进行封装的，可以通过对 models 文件的修改来对数据库进行增删改查操作，views 是整个的核心，用来数据的交互、业务逻辑的封装等操作，urls 负责路由请求，将 views 里面的业务逻辑根据路由请求发送到指定位置，具体见图 6-3。

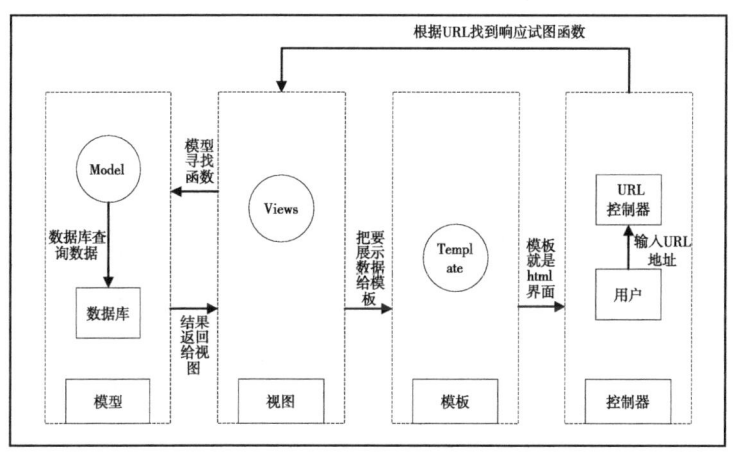

图 6-3　Django 设计原理图

（三）Mysql 数据库

考虑到小麦从种植到收获全生长周期内，由各类传感器采集的气象、土壤等数据总量并非海量级别，其数据规模处于可控范围内。因此，在权衡成本效益、技术需求与数据体量后，最终选择 MySQL 作为支撑该农业监测平台的核心数据库系统。

五、系统研发

(一) 数据库设计

在本数据库中,各表结构设计如下所示 (表6-5 至表6-8)。

表6-5　Real_data (实时数据表)

编号	名称	数据类型	长度	小数位	允许空值	主键
1	id	int	10	0	N	Y
2	Data_time	datetime	19	0	Y	N
3	Day_temperature	float	20	3	Y	N
4	Day_humidity	float	20	3	Y	N
5	Tu_temperature	float	20	3	Y	N
6	Tu_humidity	float	20	3	Y	N
7	Speed	int	10	0	Y	N
8	Rain	float	20	3	Y	N
9	N_content	float	20	3	Y	N

表6-6　Temperature_data_history (历史气象数据表)

编号	名称	数据类型	长度	小数位	允许空值	主键
1	id	int	10	0	N	Y
2	Data_time	datetime	19	0	Y	N
3	Week	varchar	50	0	Y	N
4	Temperature_max	float	20	3	Y	N
5	Temperature_min	float	20	3	Y	N
6	Weather	varchar	50	0	Y	N

(续表)

编号	名称	数据类型	长度	小数位	允许空值	主键
7	Speed	int	10	0	Y	N
8	Day_humidty	float	20	3	Y	N

表 6-7 Future_weather_data（未来气象数据表）

编号	名称	数据类型	长度	小数位	允许空值	主键
1	id	int	10	0	N	Y
2	Future_time	int	10	0	Y	N
3	Weather	varchar	50	0	Y	N
4	Temperature_max	float	20	3	Y	N
5	Temperature_min	float	20	3	Y	N
6	Speed	int	10	0	Y	N

表 6-8 Watering_history（历史浇水量）

编号	名称	数据类型	长度	小数位	允许空值	主键
1	id	int	10	0	N	Y
2	Data_time	datetime	19	0	Y	N
3	Day_temperature	float	20	3	Y	N
4	Day_Humidty	float	20	3	Y	N
5	Tu_temperature	float	20	3	Y	N
6	Tu_humidty	float	20	3	Y	N
7	Speed	int	10	0	Y	N
8	Water	float	20	3	Y	N

（二）设计整体框架

设计中，需要结合小麦需水量的决策模型及施肥量模型设计，开发小麦生长的可视化平台。以小麦需水量的决策为例，具体技术路线整体框架如图6-4所示。

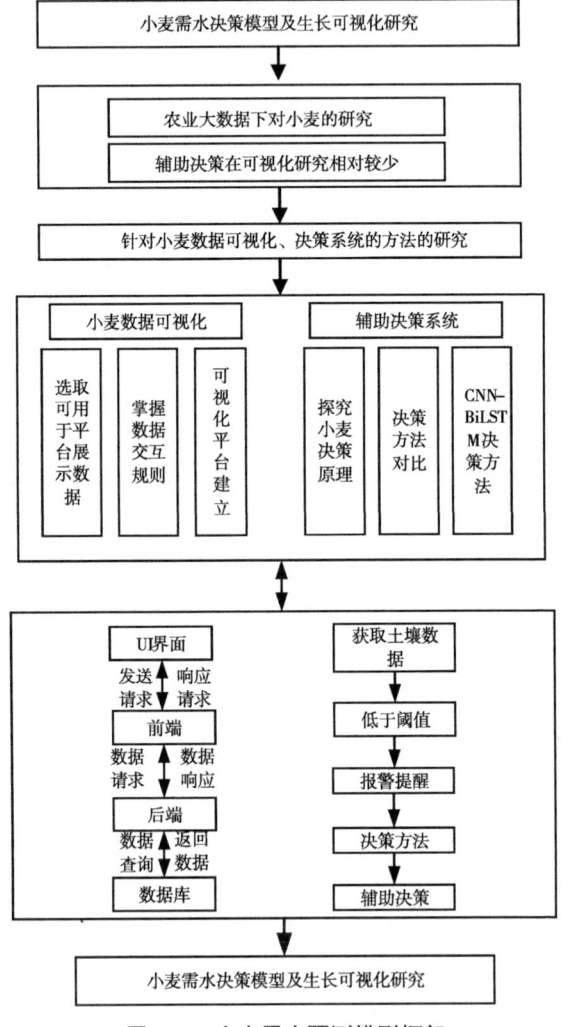

图6-4 小麦需水预测模型框架

(三) 软件设计与测试

基于 django 框架的小麦生长可视化及决策平台 V1.0 的主要研究包括：小麦土壤、气象数据的采集，入库等操作；从数据库实时获取数据，并利用 Django 框架进行数据展示；模型对比，进而发现 CNN-BiLSTM 模型的优势；将 CNN-BiLSTM 模型与 Django 框架结合，在平台上进行决策操作。

1. 开发环境

本实验运行环境的 GPU 为英伟达 RTX3050，操作系统为 Windows 10，开发平台选择 PyCharm，系统开发环境如表 6-9 所示。

表 6-9 系统开发环境

项目	名称	版本
开发工具	PyCharm	2022.2
数据库	MySQL	8.0
开发语言	Python	—
开发框架	Django	—
编译环境	Anaconda	1.9
操作系统	Windows10	—

2. 客户端设计与实现

小麦数据可视化平台实现之前需要创建 Django 环境，主要分为以下 7 个步骤：第一步，创建工程并在 settings.py 里面配置数据库信息，保证数据可以保存到数据库中去；第二步，创建 App 应用，后续开发将在 App 中展开；第三步，创建 Model，在 models.py 中将所有需要用的数据库进行设计，确定字段和类型；第四步，创建视图，用来接受 Web 请求，并给予响应；第五步，创建模板，在 Templates 目录下创建多个 HTML 文件，进行平台功能设计；第六步，添加映射地址，在

urls 中添加 Web 的映射地址，以实现在平台的展示；第七步，运行项目，并选择 urls 中的映射地址。

3. 用户登录

用户在进行平台登录时，需要输入用户名和密码，只有输入正确的用户才可以进行登录，若非法字符或者无效输入则无法进行登录，并进行错误提醒。但用户在首次登录时并无用户注册端口，因为由管理员进行用户信息录入，只有管理员将个人信息进行录入成功之后，用户才可进行平台登录。用户登录流程图如图6-5所示。

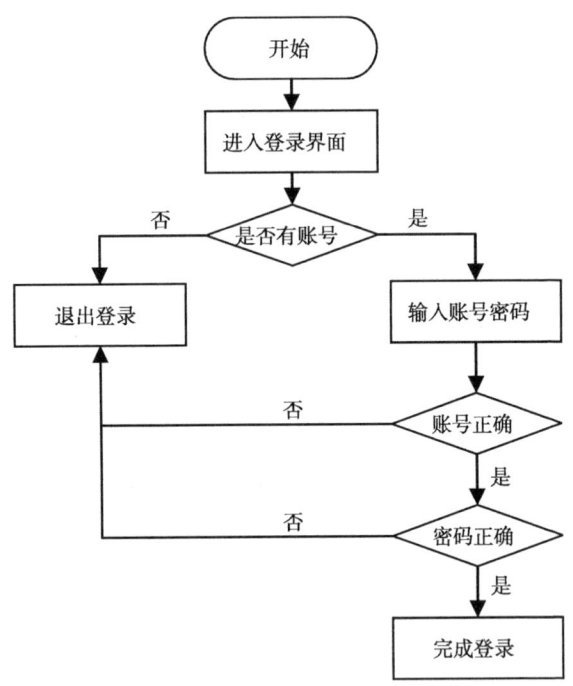

图 6-5 用户登录流程

因为平台展示的不仅有小麦实时数据,还包括历史信息数据,例如施肥量、浇水量,用户登录是为了检验用户身份信息,防止别有用心的人进入平台,进而造成一些损失。对于管理员没有录入信息的用户来说,是无法进行平台访问,其目的还是为了保证平台信息安全。因此只能通过联系管理员添加个人信息进行用户信息录入,保证用户可以录入。用户登录界面如下图 6-6 所示。

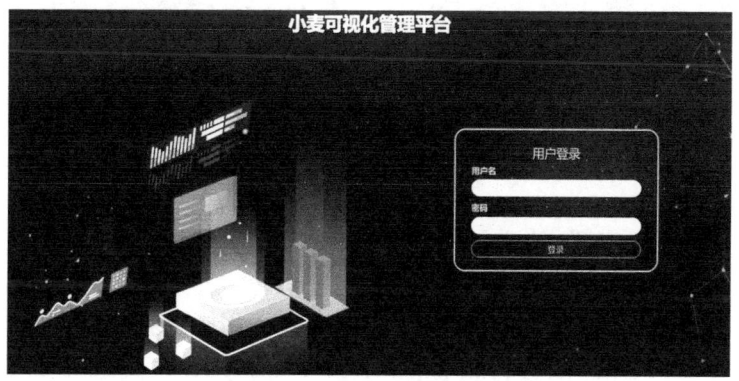

图 6-6 用户登录界面

4. 可视化主界面

在可视化界面设计上,除了用传统的 HTML、JS、CSS 外,还引用了 Bootstrap 和 Echarts 图表,以使界面看起来更加美观。小麦数据可视化主界面如图 6-7 所示。

主界面分为六部分,第一部分小麦土壤实时湿度,这部分用折线图的形式将湿度呈现出来,随后就变成了历史的湿度,该部分数据显示范围是三个月到最新的数据;第二部分是小麦土壤的实时温湿度和气象实时温湿度,该部分将传感器存入到 MySQL 数据库的最新数据读取出来,以更加直观的方式呈现

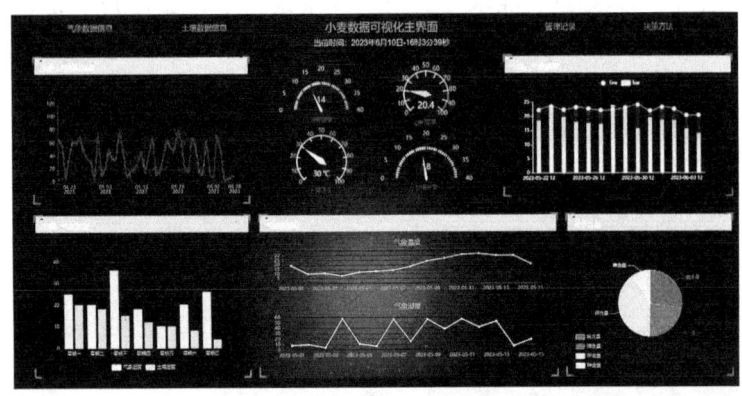

图 6-7 可视化主界面

出来；第三部分分为两部分，第一部分是土壤温度，第二部分是气象温度。

如图 6-7、图 6-8 所示，上面三部分用栅格系统设计为一个行，下面三部分仍然用栅格系统对其进行设计。第四部分是历史 7 天气象和土壤的湿度，用来显示过去 7 天气象和土壤湿度情况；第五部分历史 14 条气象温湿度情况；最后一部分是影响小麦生长的氮、磷、钾等肥料影响因子。

5. 主要数据信息

气象信息分为五部分，第一部分为 24 小时气象温度，属于对未来一天内气象湿度观测；第二部分 24 小时气象湿度，对未来一天内气象湿度的观测；第三部分，未来 14 条天气温度情况；第四部分，历史 7 天温度情况和当前实时数据展示。此处实时数据展示和主界面气象实时温湿度来源不一样，这里实时数据是通过爬虫获取到当地气象数据，主界面气象数据来源于 MySQL 数据库，数据库中气象数据来源于智慧农场传感

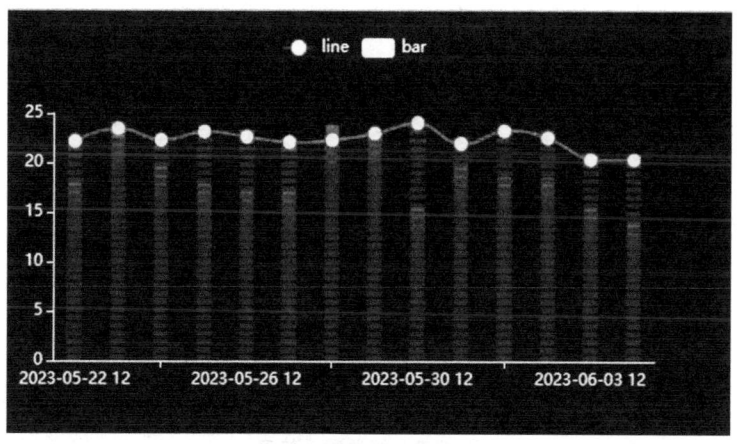

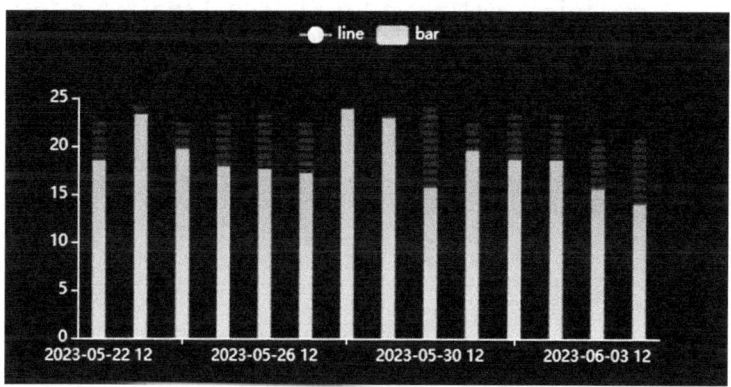

图 6-8 土壤温度和土壤湿度

器采集到的数据,这里之所以保留两处是为了将气象数据形成对比,即使气象站数据采集停止,通过观察对比可以及时发现,并提醒工作人员进行处理。气象数据信息获取到的实时数据气象信息，不仅包含当前实时气象数据信息，还包含当日一天、未来 7 天和 14 天数据信息，如图 6-9 所示。

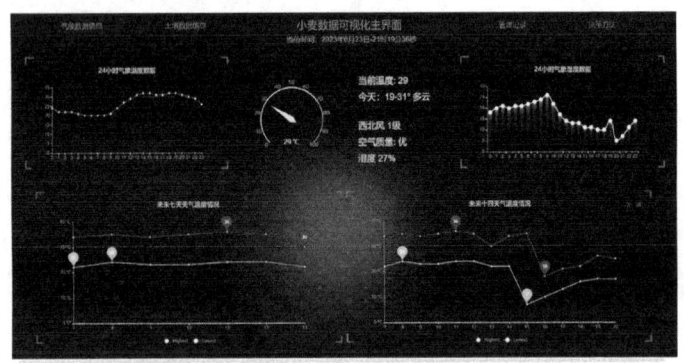

图 6-9　气象数据信息

土壤数据信息是将传感器采集到的最新土壤数据从数据库读取出来，然后进行可视化展示，设置格式为左右栅格系统格式，左侧是当前数据实时信息，右侧是以图表形式呈现出来（图 6-10）。

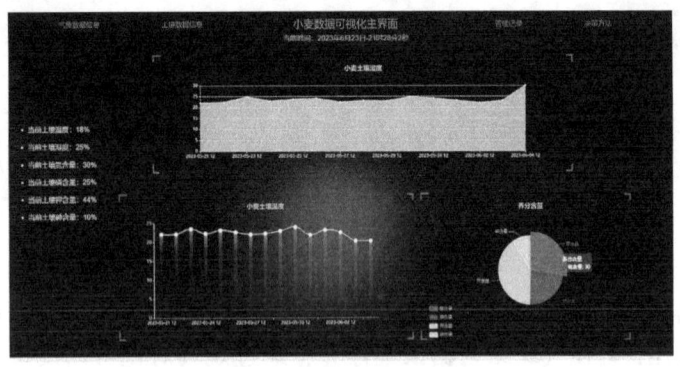

图 6-10　土壤数据信息

6. 历史记录的增删改查

设备管理模块的主要功能就是对历史数据的增删改查操作，通过 click 点击事件和绑定 id 来对功能进行实现。这里的所有历史数据都是通过 Django 框架里面的 Model 来实现与数据库管理，然后通过在 views 进行操作，从而实现在界面上的增删改查操作，如图 6-11 至图 6-13 所示。

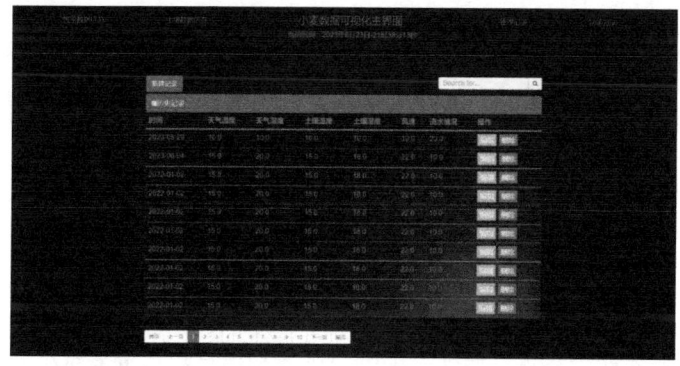

图 6-11　管理记录界面

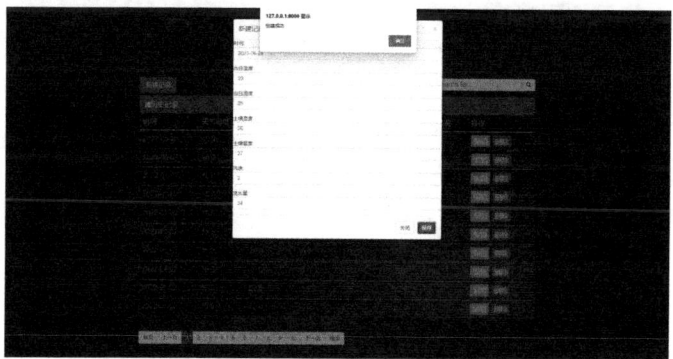

图 6-12　新建记录

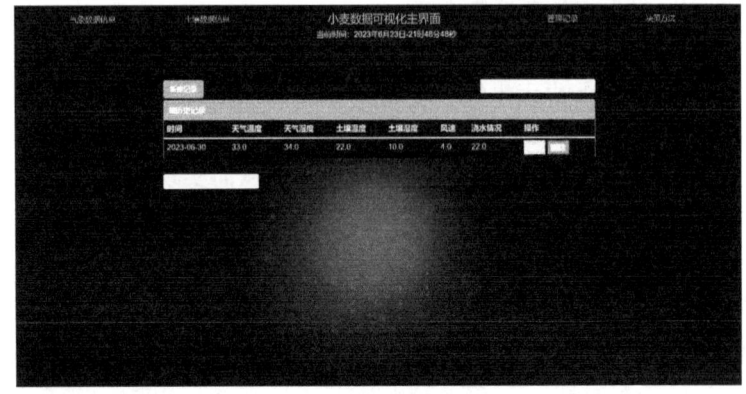

图 6-13 查找记录

7. 决策界面

决策界面使用栅格系统分为左右两部分，左侧是当时气象温湿度、土壤温湿度和风速等实时数据；右侧是进行决策，通过输入四个参数，温度、湿度、风速和当日降水量来对小麦需水量进行决策，如图 6-14 所示。

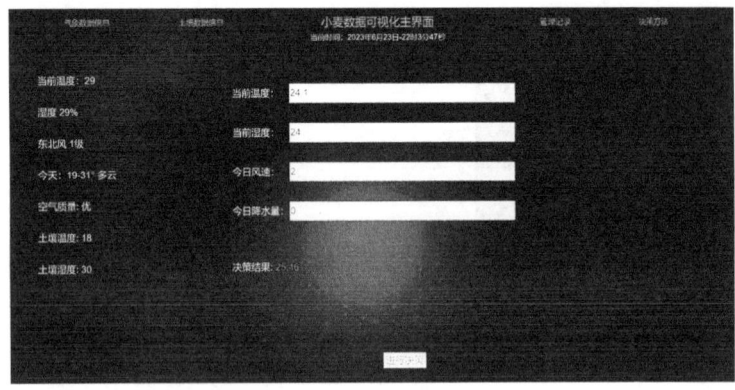

图 6-14 决策界面

为了观看其误差，实验随机进行了10次决策，并且与原始数据进行对比，计算相对误差，结果如下表6-10所示。

表6-10 相对误差

原始数据	预测数据	相对误差（%）
19.81	21.27	7.37
23.3	23.80	2.14
26.95	26.27	2.52
13.3	12.79	3.83
16.82	16.21	3.62
2.92	2.86	2.05
2.51	2.63	4.78
3.29	3.49	6.07
8.75	7.95	9.14
27.63	26.12	5.46
平均相对误差		4.698

由表6-10所示的数据可以看出，在随机进行的10次决策实验中，计算得出的平均相对误差大约为5%。进一步分析表明，这一误差水平相当微小，完全处于可接受范围之内，这验证了决策过程的可靠性和精度。

将土壤施氮肥决策放于土壤数据信息之中，一方面可以查看小麦土壤信息，另一方面可以进行对小麦施氮量的决策。其包括三部分：土壤温湿度、养分含量、小麦土壤湿度和氮含量决策。

如图6-15所示：同样将其预测结果与原始数值进行10次比较，确定其相对误差大概在8%，保证相对误差在10%以内，预测结果较为精准，对决策具有指导作用。对于小麦施肥量预测模型的研究，考虑到作物都是具有地域性，不同地区的作物其生长所需肥料种类、肥料的量是不同的，故需要对不同

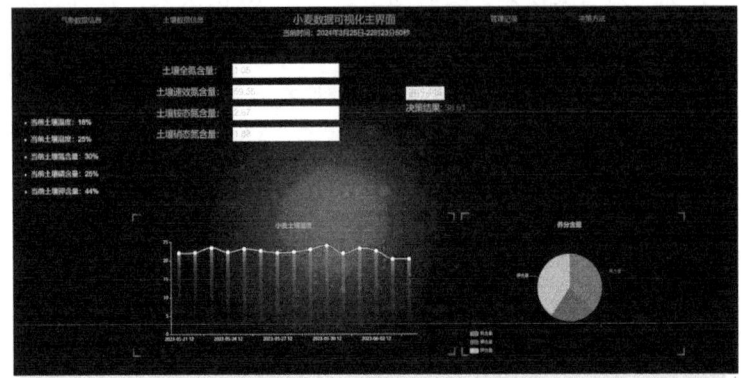

图 6-15　小麦施氮肥量决策

地域施肥量进行统计，进一步完善预测方法。同时实验地仅仅对施氮肥量进行预测，影响小麦生长的肥料还包括磷钾等肥料，故后续还将完善对磷钾等施肥量的预测，为小麦作物生长提供一个完整的施肥量预测方案。

参考文献

[1] 杨福. 现代农业技术在小麦生产中的应用与前景展望 [J]. 种子科技, 2025, 43 (10)：222-224.

[2] 杜浦, 杨丹旭, 时雅婷, 等. 借鉴国际经验加快我国智慧农业发展 [J]. 江苏农业科学, 2024, 52 (20)：10-17.

[3] 王琪. 农村农业会计在大智移云时代的资源共享问题分析 [J]. 中国农业会计, 2025, 35 (1)：51-53.

[4] 赵永凯. 智慧农机大数据驱动服务系统研究 [D]. 保定：河北农业大学, 2019.

[5] 张苏鸿,杨艳辉,史文崇.数据可视化技术在小麦产业中的应用[J].中南农业科技,2023,44(7):198-202.

[6] 张莉.中国农业科学数据共享发展研究[D].北京:中国农业科学院,2006.

[7] 殷丹丹.我国小麦产业研究热点与可视化分析[J].种业导刊,2025(1):16-20.

[8] 苏芳蕊.小麦群体生长可视化系统的设计与实现[D].郑州:河南农业大学,2011.

[9] 许鑫.小麦生态全息系统研究[D].郑州:河南农业大学,2021.

[10] 郭二秀.基于Spark的农业大数据挖掘系统的设计与实现[D].杭州:浙江大学,2018.

[11] 李素芳.市(县)级农业大数据管理平台研究[D].成都:成都大学,2021.

[12] C WANG, X GUO, Y WANG, et al., Friend or foe? Your wearable devices reveal your personal PIN [C]. Proceedings of the 11th ACM on ASIA Conference on Computer and Communications Security (ACM CCS), 2016:189-200.

[13] 徐勇.农业大数据平台的实现与数据分析算法[D].哈尔滨:东北农业大学,2017.

[14] 孙忠富,杜克明,郑飞翔,等.大数据在智慧农业中研究与应用展望[J].中国农业科技导报,2013,15(6):63-71.

[15] 孟祥宝,谢秋波,刘海峰,等.农业大数据应用体系架构和平台建设[J].广东农业科学,2014,41(14):173-178.

[16] 曾杰. 典型工业设备检测监测数据处理方法研究与应用［D］. 重庆：重庆大学，2020.
[17] 李自豪. 基于知识的果园水肥一体化智能专家系统关键技术的研究［D］. 泰安：山东农业大学，2022.